# 泥鳅实用养殖技术问答

占家智　羊　茜　编著

金盾出版社

## 内 容 提 要

泥鳅被人们誉为“水中人参”，具有特别的风味和保健功能。发展泥鳅养殖是调整农村产业结构、增强农民增收增效能力、拓展农村致富途径的一种有效方式。本书在简要介绍泥鳅生物学特性的同时，重点介绍了泥鳅的各种行之有效的养殖技术，包括泥鳅的池塘养殖技术、池塘套养技术、网箱养殖技术、微流水养殖技术及其他养殖技术等。另外，还介绍了泥鳅的饲料、泥鳅的繁殖技术、泥鳅苗种培育技术、泥鳅的捕捞与运输、泥鳅疾病防治技术等。文字通俗易懂，内容丰富实用，适合全国各地泥鳅养殖区的养殖户参考，亦可供水产养殖单位技术人员、各农业院校相关专业师生参考。

**图书在版编目(CIP)数据**

泥鳅实用养殖技术问答/占家智，羊茜编著．—北京：金盾出版社，2014.10(2018.4 重印)

ISBN 978-7-5082-9653-1

Ⅰ.①泥… Ⅱ.①占…②羊… Ⅲ.①泥鳅—淡水养殖—问题解答 Ⅳ.①S966.4-44

中国版本图书馆 CIP 数据核字(2014)第 192347 号

**金盾出版社出版、总发行**

北京市太平路 5 号(地铁万寿路站往南)

邮政编码：100036 电话：68214039 83219215

传真：68276683 网址：www.jdcbs.cn

北京军迪印刷有限责任公司印刷、装订

各地新华书店经销

开本：850×1168 1/32 印张：7 字数：159 千字

2018 年 4 月第 1 版第 3 次印刷

印数：9 001～12 000 册 定价：20.00 元

---

俗话说"天上的斑鸠，地下的泥鳅"，泥鳅被人们誉为"水中人参"，也正是因为泥鳅具有特别的风味和保健功能，加上它味道鲜美、营养丰富，已经成为人们竞相食用的佳品，更是我国在国际市场上坚挺的出口创汇的淡水鱼类，深受韩国、日本、马来西亚等国以及我国香港和台湾等地区人们的青睐。

发展泥鳅养殖是调整农村产业结构、增强农民增收增效能力、拓展农村致富途径的一种有效方式，它的养殖技术更是发展经济、富裕群众、增强出口创汇能力的技术保证。

基于以上认识，加上笔者在生产过程中的一些经验，编写了《泥鳅实用养殖技术问答》一书，本书在简要介绍泥鳅生物学特性的同时，重点介绍了泥鳅的各种行之有效的养殖技术，内容包括泥鳅的池塘养殖、网箱养殖、专养或套养技术、池沼养殖等，以便广大读者能更直接、更生动地了解泥鳅，从而有利于开展泥鳅的养殖生产。

本书内容丰富，文字简练，以一问一答的编写方式，共提出了400多个在泥鳅养殖中最常见的问题，技术比较全面，养殖方案实用有效，可操作性强，适合全国各地泥鳅养殖户参考，亦可供水产养殖单位技术人员、各农业院校相关专业师生参考。但由于时间紧迫，书中遗漏、错误之处在所难免，敬请广大读者朋友批评指正。

编著者

目录

# 一、概 述

## 1. 什么是泥鳅?

泥鳅(*Misgurnusanguillicaudatusontor*)又称鳅、鳅鱼,属鱼纲、鲤形目、鲤亚目、鳅科、鳅亚科、泥鳅属。俗话说“天上的斑鸠,地下的泥鳅”,被人们誉为“水中人参”。泥鳅肉质细嫩,肉味鲜美,营养丰富,蛋白质含量高,还含有脂肪、核黄素、磷、铁等营养成分,是著名的滋补食品之一。在医用方面,民间用泥鳅治疗肝炎、小儿盗汗、皮肤瘙痒、腹水、腮腺炎等病均有一定的疗效。泥鳅也是外贸出口的主要水产品之一,在国际、国内都属畅销水产品。

泥鳅是一种小型经济鱼类,长期以来人们总是从自然界中捕捉,很少进行人工养殖。但由于它具有生命力强、对环境的适应能力强、疾病少、成活率高、繁殖快、饵料杂且易得的优势,因此从养殖角度来说,是一种最易饲养又可获得高产的鱼类。目前已成为池塘、网箱、庭院的主要水产养殖品种之一。

## 2. 泥鳅有多少种?分布在什么地方?

泥鳅属种类较多,在全世界有10余种,常见的有真泥鳅、大鳞泥鳅、内蒙古泥鳅(埃氏泥鳅)、青色泥鳅、拟泥鳅、二色中泥鳅等,其外形基本相差无几,广泛分布于中国、日本、朝鲜、俄罗斯及印度等地。泥鳅是温水性鱼类,在我国分布很广,除青藏高原外,各地河川、沟渠、水田、池塘、湖泊及水库等天然淡水水域中均有分布,尤其在长江和珠江流域中下游分布极广。我们通常养殖的泥鳅是真泥鳅和大鳞副泥鳅,由于真泥鳅和大鳞副泥鳅外表区别不明显,人们通常把真泥鳅和大鳞副泥鳅统称为泥鳅。

中国科学院水生生物研究所陈景星在1981年出版的《鱼类学论文集》中，认为我国境内的泥鳅共有3种，即北方泥鳅、黑龙江泥鳅和真泥鳅。北方泥鳅主要分布于黄河以北地区，黑龙江泥鳅仅分布于黑龙江水系，真泥鳅在全国各地均有分布。

## 3. 泥鳅的形态特征有哪些?

泥鳅身体细长，前部呈长筒状，腹部宽圆，尾部侧扁，体长4～17厘米，头较尖，吻部向前突出，唇厚，下唇有4须突。口下位，呈马蹄形，眼和口较小。眼间隔宽于眼径，前鼻孔有短管状皮突。口须5对，吻须1对，上颌须和下颌须各2对，一大一小。背鳍位于体中央稍后，臀鳍位腹鳍基与尾鳍基的正中间。胸鳍侧下位，成年鳅呈圆形(雌鳅)或尖形且第一鳍条很粗长(雄鳅)。腹鳍始于背鳍起点下方或略后，雄鳅鳍较长。尾鳍圆形。尾柄上下缘略有皮棱，身体上的鳞片细小，埋于皮下，所以一般都会认为它是无鳞鱼。体背及背侧呈灰黑色，并有黑色小斑点。肛门位于臀鳍稍前方。体侧下半部呈白色或浅黄色，所以又被称为黄鳅，侧线侧中位，常不明显，尾柄基部上方有一黑色大斑。体表黏液丰富，适宜钻洞(图1)。

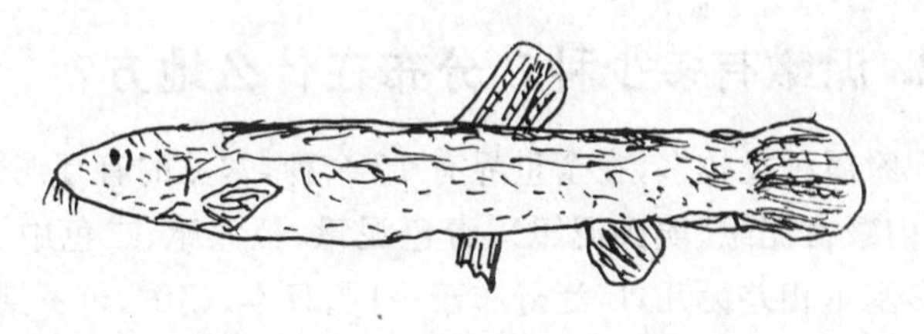

图1 泥 鳅

## 4. 泥鳅是底栖性鱼类吗?

泥鳅为底栖性鱼类，生命力强，喜欢栖息在常年有水的沟渠、塘堰、湖沼、稻田等泥沙底的浅水区，或是腐殖质多的淤泥表层，喜中性和偏酸性的泥土，一般情况下很少游到水体的上、中层活动，白天常钻入泥土中，夜间活动觅食。

## 5. 为什么把泥鳅称为气候鱼？

泥鳅属于温水性鱼类，生长适宜水温为 13℃～30℃，最适水温为 23℃～28℃，此时生长最快。当夏天水温超过 32℃以上，冬天水温低于 10℃以下，或枯水期天旱干涸时，泥鳅都会潜到 10～30 厘米深的泥层或草层中栖息，呈不食不动的休眠状态，此时它们食欲减退，生长缓慢，只要土壤中稍有湿气和少量水分湿润皮肤，就能维持生命。这是因为泥鳅除了能够用鳃呼吸外，还能用皮肤和肠呼吸。当翌年水温上升至 6℃以上时，开始出穴活动。4～10 月份是泥鳅生长旺盛的季节。这种夏天进行休眠的现象称为夏眠，冬天进行休眠的现象则称为冬眠。正是由于泥鳅对温度和气候的敏感性强，西欧人称它们为“气候鱼”。

## 6. 泥鳅为什么会耐低氧？

泥鳅比一般的鱼类更耐低氧，它除了能用鳃呼吸外，肠和皮肤也有呼吸作用，用肠呼吸是泥鳅特有的生理现象，肠呼吸量可占全部呼吸量的 1/3 以上。泥鳅肠壁薄，肠管直，血管丰富，分布广，具有辅助呼吸、进行气体交换的功能。当水中缺氧时，便游到水面吞入空气在肠内进行气体交换，废气则由肛门排出，这多发生在气候骤变、低压暴雨来临前，所以泥鳅能适应底层静水体的缺氧环境。如果水干涸或者冬季钻入淤泥中，靠湿润的环境行肠道呼吸，可长期维持生命。

泥鳅对缺氧环境的抵抗力，远胜于其他的养殖鱼类。因此，它是一种增产潜力很大的养殖鱼种，既适合高密度养殖，有很大增产潜力，又可在运输时不易因缺氧而死亡。据密封装置实验显示，在水温为 24.5℃时，泥鳅幼鱼在水中溶解氧低达 0.46～0.48 毫克/

升时，才开始死亡。泥鳅成鱼在水中溶解氧低达0.24毫克/升时才开始死亡。池养情况下，缺氧时泥鳅会游至水面吞食空气，进行肠呼吸，因而即使溶解氧低于0.16毫克/升，仍可安然无恙。

## 7. 泥鳅会逃跑吗？

泥鳅不但会逃跑，而且它们的逃逸能力非常强。春、夏季节雨水较多，当池水涨满或池壁被水冲出缝隙或出现漏洞时，泥鳅会在一夜之间全部逃光，尤其是在水位上涨时会从鳅池的进、出水口逃走。因此，养殖泥鳅时一定要提高警惕，务必加强防逃管理，特别是下雨时，要加强巡池，检查进、出水口防逃设施是否有堵塞现象，是否完好，进、出水口一定要有防逃设备。平时当水位达到一定高度时，要及时排水，防止池水溢出，造成泥鳅逃逸。另外，在换水时也要做好进、出水口的防逃措施。

## 8. 泥鳅喜欢在夜间摄食还是白天摄食？

泥鳅习惯在夜间摄食，因此在自然环境下，一般会在夜晚出来觅食，但在产卵期和生长旺盛期间白天也摄食。产卵期的亲鳅比平时摄食量大，雌鳅比雄鳅摄食多。在人工养殖时，经过驯养后也可改为白天摄食。水温低于10℃、高于30℃时停止摄食。无论是幼鳅，还是成鳅，对于光的照射都没有明显的趋光或避光反应。

## 9. 在自然条件下泥鳅吃什么？

泥鳅是以动物性食物为主的杂食性鱼类，食性很广，一般摄食水蚤、水蚯蚓、昆虫、扁螺、水草、腐殖质以及水中和泥中的微小生物。在天然水域中，不同规格的泥鳅，它的摄食对象有所不同。幼鱼期间喜吃动物性饵料，主要摄食小型甲壳动物、水蚯蚓、水生昆虫等；成鱼期间则转以植物性饵料为主，如高等植物的种子、碎屑和藻类植物等，有时亦摄食水底泥渣中的腐殖质。从体长和摄饵的关系来看，在幼苗阶段，体长 5 厘米以下，主要摄食小型甲壳类，如轮虫、枝角类、桡足类和原生动物等动物性饲料；体长达 5～8 厘米时，除摄食小型甲壳类外，还摄食水蚯蚓、摇蚊幼虫、丝蚯蚓、水生和陆生昆虫及其幼体、河蚬、幼螺、蚯蚓等底栖无脊椎动物；体长达 8～9 厘米时，摄食硅藻、绿藻类、蓝藻类和植物茎、根、叶、植物碎片、种子等；体长达 10 厘米以上时，以摄食植物性饲料为主，兼食其他饲料。

## 10. 在人工饲养条件下泥鳅吃什么食物？

在人工饲养条件下，鳅苗阶段可投喂蛋黄和其他粉状饲料，也可投喂昆虫、水蚤、丝蚯蚓等。鳅种阶段可投喂米糠、麸饼类、蚕蛹粉等，也可以用堆放厩肥、鸡粪和牛粪、猪粪等方法培育浮游生物做鳅苗、鳅种的饲料。成鳅阶段用米糠、马铃薯渣、蔬菜渣、蚕蛹粉、麸饼粉等与猪粪或腐殖土混合制成颗粒饲料或团状饲料投喂。人工养殖泥鳅投喂时一定要做到定时、定点、定质和定量的喂食方法，由于泥鳅特别贪食，因此饲料投喂不宜过多，日投喂量鳅种阶段为鳅体重的 5%～8%，成鳅阶段为 5%左右。开始时每天傍晚喂 1 次，以后驯化改为白天投喂，上、下午各投喂 1 次。如果投喂过多，易导致消化不良而胀死。

## 11. 为什么称泥鳅为鱼池里的清洁工？

泥鳅的摄食量一般都比较大，随着个体的增大，一次饱食量占体重的百分比逐渐降低，一次饱食时间逐渐延长。泥鳅对动物性饵料的消化速度较植物性饵料快，其中对浮萍的消化速度最慢，消化蚯蚓速度较快。泥鳅与其他鱼类混养时，常以其他鱼类吃剩的残饵为食，所以泥鳅常被称为鱼池中的“清洁工”。

## 12. 在自然条件下泥鳅的生长速度如何？

在自然环境中，泥鳅生长较慢，一般刚孵出的泥鳅苗，体长为3～4毫米，经过1个月能长至2～3厘米，经6个月可长至7厘米左右，体重在3克/尾左右。在生长10个月后，体长可达12厘米，体重10克左右。此后，雌、雄泥鳅的生长便产生明显差异，雌鳅生长比雄鳅快。据报道，雌鳅最大个体体长可达20厘米，重100克左右；雄鳅最大个体体长为17厘米，重50克左右。

## 13. 在人工养殖条件下泥鳅的生长速度如何？

泥鳅的生长速度与饵料、养殖密度、水温、性别、规格大小和发育时期等密切相关，尤其是饲料的质量和数量决定了泥鳅的生长速度，在人工养殖中个体会出现较大的差异，这是正常的表现。

在人工养殖条件下，刚孵出的泥鳅苗经20天左右即可长至3厘米以上，当年可长至10～12厘米，即每千克80～100尾的商品鳅。泥鳅的人工养殖周期一般为1年，经4～6个月的饲养，泥鳅体重可增加4～6倍，第二年生长速度较第一年的生长要慢，但肥满度增加。

## 14. 泥鳅的生殖习性有哪些？

泥鳅一般1冬龄性成熟，属于多次性产卵鱼类，成熟个体中往往雌泥鳅比例大，雄泥鳅体长约达6厘米时便已性成熟。在自然条件下，4月上旬、水温达18℃以上时开始繁殖；5～6月份、当水温达到25℃～26℃时是产卵盛期，一直延续到9月份还可产卵，每次产卵需4～7天。繁殖的水温为18℃～30℃，最适水温为22℃～28℃。

泥鳅怀卵量的多少与泥鳅的体长有关，怀卵量相差非常大，少的仅几百粒，多的达十几万粒。体长8厘米的雌鳅，怀卵量大约为

2 000 粒；体长 12～15 厘米的，怀卵 1 万～1.5 万粒；体长 20 厘米的，怀卵达 2.4 万粒以上。

## 15. 常见的泥鳅品种有哪些？

人工养殖泥鳅是很好的致富门路，但是不同的泥鳅其生长速度不同，养殖收益也是不同的，我们通常所见的泥鳅有以下几种，即真泥鳅、沙鳅、花鳅、长薄鳅、带纹沙鳅、大鳞副泥鳅等。这几种都是有养殖价值的泥鳅，养殖者可以根据自己所在地的资源条件选择养殖。但在我国大多数地区，还是以养殖真泥鳅为主。

## 16. 真泥鳅有什么特点？

真泥鳅也就是我们通常所说的泥鳅，经济价值较高，最适于养殖，其具体特征在前面已经讲述，不再赘述。

## 17. 沙鳅有什么特点？

沙鳅属小型鱼类，栖居于沙石底河段的缓水区，常在底层活动。吻长而尖。口须 3 对，体背有方形褐色斑点。体侧有两列纵连的褐色斑点，其中下列较大而明显。眼下刺分叉，末端超过眼后缘。各鳍均有黄白相间的条纹。尾柄较低。体长 12 厘米以下。

## 18. 花鳅有什么特点？

花鳅又名大斑花鳅，是一种淡水中常见的小杂鱼，广泛分布于我国东部地区各水系的浅水区。体长 4～8 厘米，侧扁。唇厚。有口须 4 对，有眼下刺，其基部为双叉形。侧线侧中位。腹侧为白色。鳍呈淡黄色。体侧沿纵轴有 6～9 个较大的略呈方形的斑块，背鳍、尾鳍有小黑点，尾鳍基上侧有一亮黑斑。

## 19. 长薄鳅有什么特点?

长薄鳅为底层肉食性鱼类,以底层小鱼为主食,生活于江河中上游水流较急的河滩、溪涧。常集群在水底沙砾间或岩石缝隙中活动。一般个体重 1～1.5 千克,最大个体可达 3 千克左右。生殖期在 3～5 月份,卵黏附在石上孵化。

## 20. 带纹沙鳅有什么特点?

带纹沙鳅体长 7～9 厘米,最大可达 20 厘米,体长形,侧扁。头呈尖锥状,略侧扁。口下位,吻须 2 对,上颌须 1 对。背鳍始于体中央稍后,外缘斜直或略凹。体背侧呈暗绿灰色或黄灰色,在体侧上方有 12 条黑褐色宽横纹。腹侧白色。头背侧有 2 条暗色纵纹。分布于黑龙江至长江等多沙的江河底层。

## 21. 大鳞副泥鳅有什么特点?

大鳞副泥鳅身体较长而侧扁,腹部较浑圆,但是比普通泥鳅的身体短。有须 5 对,口角一对最长,末端远超过前鳃盖骨后缘。胸鳍、腹鳍、臀鳍呈灰白色,背鳍及尾鳍具黑色小点。分布比较广泛。

## 22. 如何降低泥鳅的养殖成本?

养殖泥鳅要赚钱,这是所有养殖户的共同心声,除了要养出个体大、颜色艳丽、产量高的泥鳅外,科学管理、适当降低泥鳅的饲养成本也是需重点关注的问题之一。如何有效地降低泥鳅养殖成本呢?可以使用的措施包括以下几点。

一是因地制宜,根据各地的具体气候和水域条件,充分利用适合养殖泥鳅的水田、池塘等资源,节省建设投入。

二是充分发挥肥料的作用,积极培肥水质,为泥鳅提供天然饵料。要控制肥料施用的量和次数,确保水质适度,饵料丰富,但水质也不宜过肥，否则容易造成泥鳅缺氧，从而影响其生长发育。

三是合理饲喂，提高饲料利用率，积极发挥当地的天然饵料资源。刚下池时应及时给泥鳅幼苗投喂适宜的饲料，如轮虫、小型浮游植物、熟蛋黄等。泥鳅能自己摄食水中微生物和动植物碎屑时，可将米糠、麸等植物粗粮与螺蚌、蚯蚓、黄粉虫等动物性饲料拌和投喂。可利用房前屋后大力培育蚯蚓、水蚤等活饵料。

四是做好泥鳅病害的防治工作，尤其要注意预防鳅病，一方面可以促使泥鳅健康成长，另一方面做好疾病的预防工作，可以有效地减少疾病所带来的损失，养殖户要牢记一个观念，“没有伤亡就是最高的产量”，只有成活率提高了，产量才能得到保证。

## 23. 泥鳅的养殖前景如何？

泥鳅的营养价值相当高，除此之外，还具有较高的药用价值。总的来说，泥鳅市场需求量大，泥鳅养殖在国内、国外市场前景广阔，主要表现在以下几个方面。

首先是泥鳅的自然资源在不断减少，需要人工养殖来补充，泥鳅在各类水域中都有分布，在 20 世纪尤其是 90 年代以前，只要在有水的地方，几乎都能看到泥鳅，因此它们的资源还是相当丰富的。一般在自然条件下每 667 米$^2$ 水田可产泥鳅 2 千克。但近年来，由于过度捕捞，特别是电捕泥鳅的泛滥，加上大量施用对泥鳅有害的农药和耕作制度的改变，越来越多的淡水资源遭到污染，天然水域和水田里泥鳅资源逐年减少，有的区域已经几乎绝迹。与此同时，由于天然捕捞量逐年下降，而市场对泥鳅的需求量却逐渐上升，又加剧了对天然泥鳅资源的掠夺，由此形成恶性循环，对生态造成了极大的破坏。导致泥鳅的缺口是非常大的，这就给人工养殖泥鳅提供了机会。

其次是泥鳅的营养价值高，具有肉质细嫩、营养丰富等特点，是一种高蛋白质、低脂肪的高档水产品。有资料显示，泥鳅逐渐受到广大人民的青睐，近年来国际市场对我国泥鳅的订单连年增加，尤其是日本、韩国、马来西亚的需求量较大，年需几十万吨，港、澳、台市场需求也强劲，导致泥鳅市场供求矛盾十分突出，呈现供不应求的状况，就目前我国的泥鳅产量来说，仅依靠野生资源就连本国的需求量都不够，更不用说出口了，因此现在泥鳅养殖的商机是比较大的。预计在未来数年内，泥鳅市场仍将保持供不应求的状态，市场空间巨大。

再次是养殖泥鳅并不难。泥鳅适应能力很强，在池塘、湖泊、河流、水库、稻田等各种淡水水域中都能生存、繁衍，养殖技术也不难学，而且泥鳅的生长期短，资金周转快，方法简便，节省劳力，适应性广，饲养回报高，在稻田、湖泊、池塘中或修建的水泥池中都能养殖泥鳅。养殖户可以根据自身条件，因地制宜，只要做到科学管理、量力而行，选择适合自己的养殖方式进行养殖，都能获得较高的回报。

最后一点就是泥鳅养殖的经济效益很高，泥鳅一年四季都能养殖、捕捞或囤养，所以经济效益颇丰。据报道，日本农民采用水稻、泥鳅轮作制，每年秋季以平均每100米$^2$水面放养200千克泥鳅的密度，大规模利用空闲稻田养殖泥鳅，投喂一些米糠、土豆渣、蔬菜渣等，经过1年可收获泥鳅400千克，而且养过泥鳅的稻田再种植谷物产量更高。由此可见，泥鳅养殖具有明显的经济效益。

## 24. 泥鳅养殖为什么会发展迅速？

近10年来，泥鳅养殖在我国各地迅速发展，究其原因有如下几点。

一是泥鳅的价格和价值正被国内外市场接受，人们生产的优质泥鳅成品在市场上不愁没有销路。

二是泥鳅高效养殖的技术得到推广，许多地方在将黄鳝养殖作为“科技下乡”、“科技赶集”、“科技兴渔”、“农村实用技术培训”

的主要内容时，同样也对泥鳅的养殖技术进行重点介绍，这些养殖与经营的关键技术已经被广大养殖户吸收。

三是泥鳅高效养殖的方式是多样化的，既可以是集团式的规模化养殖，也可以是千家万户的庭院式养殖；既可以在池塘或水泥池中饲养，也可以在大水面或稻田中饲养；既可以无土饲养，也可以有土饲养；既可以在网箱或池塘中精养，也可以在沟渠、塘坝、沼泽地中粗养；既可以常温养殖，也可以在大棚里进行反季节养殖。

四是只要苗种来源好，饲养技术得当，可以实现当年投资、当年受益的目的，有助于资金的快速回笼。

五是泥鳅的生活力强，耐低氧能力非常强，而且食性杂，食物来源广泛易得，这些优良的特点决定了它能在多种场所进行养殖。因此，人们在进行水产品结构调整时，往往把它作为产业结构调整的首选品种。

## 25. 泥鳅有哪些食用价值？

泥鳅的食用价值很高，为高蛋白质、低脂肪的高品位水产珍品，符合现代营养学要求，味道鲜美又具有滋补作用，肉质清淡、细嫩，营养丰富，被誉为“水中人参”，“泥鳅钻豆腐”是闻名中外的传统名菜。

## 26. 泥鳅有哪些营养价值？

泥鳅的营养价值较高，含人体必需的多种营养成分。据分析，泥鳅的可食部分占整个鱼体的80%左右，高于一般淡水鱼类。每100克泥鳅肉中含有蛋白质22.6克、脂肪2.31克、碳水化合物2.5克、灰分1.1克、钙51毫克、磷72毫克、铁3毫克、牛磺酸0.08毫克、核黄素0.16毫克、烟酸5毫克，还含有维生素A、维生素$B_1$、维生素C等营养成分和较高的不饱和脂肪酸，其中维生素$B_1$的含量比鲫鱼、黄鱼、虾类高，维生素A、维生素C含量也较其他鱼类高。

## 27. 泥鳅有哪些药用价值?

泥鳅的药用价值较高。泥鳅性甘、平,具有补中、止泄之功效。《本草纲目》中记载:泥鳅有暖中益气之功效,对肝炎、小儿盗汗、痔疮、皮肤瘙痒、跌打损伤、阳痿、乳痈等都有一定疗效。经现代医学临床验证,采取泥鳅食疗,既能强身,增加体内营养,又可补中益气,壮阳利尿。对儿童、年老体弱者、孕妇、哺乳期妇女以及因肝炎、高血压、冠心病、贫血、溃疡病、结核病、皮肤瘙痒、痔疮下垂、小儿盗汗、水肿、老年性糖尿病等引起的营养不良、病后虚弱、脑神经衰弱和手术后恢复期病人,具有开胃、滋补等功效,尤其在夏季,泥鳅特别肥美,是炎热季节的良好补品。因此,又被誉为"药参"。

## 28. 泥鳅是出口水产品吗?

泥鳅是典型的出口创汇型水产品,出口效益显著。泥鳅是高蛋白质、低脂肪的高档保健食品,而且有较高的药用价值,所以也就成为我国外贸出口的重要水产品之一,在国际市场上也是畅销水产品,是我国传统的外贸出口商品,在我国香港特区以及韩国、日本、马来西亚等国销路非常广泛,历来为人们喜食。

## 29. 泥鳅养殖的技术瓶颈有哪些?

泥鳅养殖作为新兴技术,目前在发展中仍存在技术瓶颈,主要体现在:一是由于泥鳅的生物学特性与一般鱼类不同,有部分养殖户认为它是非常好养的,往往没有进行任何思想准备和技术储备,就盲目上马,最后导致养殖失败。二是泥鳅的部分疾病还没有被完全攻克,如许多养殖户在养殖中发现,鳅苗在培育到2.5厘米时,稍有不慎就会大量死亡,鳅农们对此心惊肉跳,将其称为"寸片死",具体是什么原因导致的以及如何预防和治疗,目前正在技术攻关中。三是泥鳅苗种市场比较混乱，炒苗现象相当严重，伪劣鳅种坑农害农的现象仍时有发生，给一些渔民造成惨重的损失。四是针对泥鳅养殖特有的专用药物还没有开发出来，目前沿用的仍然是一些兽药或其他常规渔药。五是泥鳅的深加工技术还跟不上。

## 30. 导致泥鳅养殖失败的原因有哪些？

任何一种养殖都不可能是一帆风顺的，泥鳅的养殖也是一样的。根据笔者的分析，造成泥鳅养殖失败的原因主要有以下几个方面。

一是没有泥鳅养殖的经验，看到别人养殖泥鳅赚钱了，自己一时心血来潮、头脑发热，也跟风养殖，可能导致失败。

二是没有科学地建造养鳅池，不遵循泥鳅的生活规律，随便找个池塘放了泥鳅就完事，结果导致泥鳅在阴雨天或者通过进、出水口逃跑。

三是没有合适的苗种来源，通常在市场上随意乱购泥鳅苗，这些苗种的质量得不到保证，导致放养后泥鳅大面积死亡而造成巨大损失。

四是不遵循泥鳅的生态习性和泥鳅的发病规律，在泥鳅患病后，盲目用药或乱用药，导致泥鳅大量死亡。

五是不知道如何科学管理，包括不知道如何管理水质，或水质管理不科学，不知道何时投喂，也不知道投喂的量和饲料的营养要求，有的养殖户根本就不知道鳅池水位应保持多少，鳅池水体该如何才达标，这种盲目的管理是不可能获益的。

## 31. 泥鳅的养殖方式有哪几种？

我国广阔的淡水流域，如江河湖泊、溪涧沟渠，尤其是烂泥田、山垄田、房前屋后肥沃田以及山塘水库等，凡富含有机质的肥水、淤泥中，都可养殖泥鳅。成品泥鳅养殖技术有池塘养殖技术、专用池养殖技术、稻田养殖技术、庭院式养殖技术、木箱养殖技术、池塘混养套养技术、立体生态养殖技术等多种多样，各地应根据具体情况因地制宜地发展泥鳅的养殖。池塘养殖泥鳅可以是土池、水泥池。可根据生产目的，放养不同规格的鳅种和稀放鳅苗，收获不同规格要求的商品泥鳅。

## 32. 泥鳅的养殖期长吗？

泥鳅的生长与饵料、饲养密度、水温、性别和发育时期有非常大的关系，尤其是与饵料的适口与丰歉关系极大。在人工饲养泥鳅条件下，刚孵出的泥鳅苗约经 20 天培育便可达 3 厘米长，一龄时可长成 80～100 尾/千克的商品鳅。因此，每尾体重 10 克以上的商品泥鳅，一般养殖期为 1 年左右。

# 二、泥鳅的池塘养殖技术

## 33. 影响池塘养殖泥鳅效益的因素有哪些?

影响池塘养殖泥鳅产量和效益的因素主要有以下几方面,养殖户在养殖时一定要注意,力求避免这些不利影响。

一是泥鳅苗种的质量。质量差的泥鳅苗种,一般都不外乎以下几种情况:亲鱼培育得不好或近亲繁殖的泥鳅苗;泥鳅苗繁殖场的孵化条件差、孵化用具不洁净,产出的泥鳅苗带有较多病原体(如病菌、寄生虫等)或受到重金属污染;高温季节繁殖的鳅苗;泥鳅苗太嫩;经过几次包装、发运、放池折腾的同批泥鳅苗。因此,我们在进行泥鳅繁殖或泥鳅苗种放养时要注意,尽可能避开这些风险。

二是泥鳅养殖池的条件不好,具体表现为单个养殖池的面积太大,或水体过深,或因长年失修淤泥深厚等,导致池塘漏水、缺肥,泥鳅生长不好,发育不良。

三是泥鳅养殖池中残留毒性大,对泥鳅的身体造成损伤,甚至导致泥鳅大面积死亡。池塘中毒性存在的原因是清塘时的药力尚未完全消失就放入苗种,或施用过量没有腐熟或腐熟不彻底的有机肥作为基肥,长期在这种水体中生活的泥鳅就会中毒。

四是泥鳅池中敌害生物太多,造成小泥鳅被大量捕食,导致泥鳅的成活率极低,当然产量也就极低。造成养鳅池中敌害生物太多的原因是泥鳅池没有清塘或清塘不彻底,用了已经失效的药物,或在注水时混进了野杂鱼的卵、苗以及蛙卵等敌害生物。

## 34. 养殖泥鳅前要做好哪些准备工作?

我们在进行泥鳅养殖前,一定要做好以下准备工作:一是做好心理准备;二是做好技术准备;三是做好资金准备;四是做好市场准备;五是做好养殖设施准备;六是做好养殖模式准备。

## 35. 养殖前如何做好心理准备工作?

也就是在决定饲养前一定要做好心理准备,可以先问自己几个问题,如决定养了吗,怎么养,采用哪种方式养殖,风险系数是多大,对养殖的前景和失败的可能性有多大的心理承受能力,决定投资多少,是业余养殖还是专业养殖,家人是支持还是反对等。

## 36. 养殖前如何做好技术准备工作?

泥鳅养殖的方法很多,但由于它们的放养密度大,对饵料和空间的要求也大,如果泥鳅养殖时的喂养、防病治病等技术不过关,会导致养殖失败。因此,在实施养殖之前,要做好技术储备,要多看书,多看资料,多上网,多学习,多向行家和资深养殖户请教一些关键问题,把养殖中的关键技术都了解清楚,然后才能开始养殖。也可以少量试养,待充分掌握技术之后,再大规模养殖。

有许多朋友在初步了解泥鳅后,都认为我们身边的塘坝、沟坎里只要有水,就有大量的泥鳅,因此认为泥鳅肯定好养,没有什么技术可言,就是建个池塘、再投点饵料就行了。如果是抱有这样的心理,那是不可能养殖成功的。

因为想把泥鳅产业做大做强,实现规模化养殖,最大限度地提高泥鳅的产量,同时将养殖成本降到最低,并实行可持续发展,是件非常不容易的事。随着泥鳅产业化市场的不断变化,养殖技术和养殖模式的不断发展,科学发展的不断进步,我们在养殖泥鳅时可能会遇到新的问题、新的挑战,这就需要我们不断地学习,不断地引进新的养殖知识和技术，而且能善于在现有技术基础上不断地改革和创新，再付诸实践，总结提升成为适合自己的养殖方法。

作为一名有志于泥鳅养殖事业的养殖者，不但要学会从书本上学习现成的理论知识和技术内容，更要学会在这种基础之上能不断突破，不断改进，不断探索，找到最适合自己的养殖技术。

## 37. 养殖前如何做好市场准备工作?

这个准备工作尤其重要，因为我们每个从事泥鳅养殖的人都很关心，泥鳅的市场究竟怎么样？前景如何？也就是说在养殖前就要知道养殖好的泥鳅怎么处理？是采用与供种单位合作经营也就是保底价回收还是自己生产出来自己到市场上出售？是在国内销售还是出口？主要是为了供应鳅苗还是为了供应成鳅？如果一时卖不了或价格不满意，该怎么办？这些情况在养殖前必须考虑好，如果没有预案，万一出现意想不到的情况，养殖那么多的泥鳅怎么处理也是个严峻的问题。

针对以上的市场问题，笔者认为养殖者一定要做到眼见为实，耳听为虚，以自己看到的进行准确的判断，不要过分相信别人怎么说，也不要相信电视上怎么介绍，更不要相信那些小广告的诱人说词。现在是市场经济时代，也是信息快速传播的时代，市场动态要靠自己去了解、去掌握、去分析，做到去伪存真，突破表面现象去看真实问题。

虽然目前泥鳅市场需求量很大，价格一直飙升，但对于农民个人来讲，同样存在市场风险，这是因为我国目前生产出的泥鳅主要是出口到韩国和日本，一旦这两个国家的市场需求发生意外，就有可能造成极大的损失。特别是初次养殖泥鳅的养殖户，由于他们的养殖规模相对较小，市场风险就相对要大一些。因此，笔者建议初次养殖泥鳅的养殖户和那些养殖面积较小的养殖户，应积极主动地向大户和养殖基地靠拢，及时了解市场信息，做好市场准备工作，掌握合适的时机，方便时“搭车”销售。

## 38. 养殖前如何做好养殖设施的准备工作？

养殖前就要做好设施准备，这些工作主要包括养殖场所的准备和饵料的准备。其他的准备工作还包括繁育池的准备、网具的准备、药品的准备、投饵机的准备和增氧设备的准备等。

养殖场所要选取适合泥鳅养殖的地方，尤其是水质一定要有保障，另外电路和通讯也要有保障。“兵马未动，粮草先行”，说明饵料对泥鳅养殖的重要性。虽然养殖泥鳅的饵料来源比较广泛，但在养殖前一定要准备好充足的饵料。生产实践已经证明，如果准备的饵料质量好、数量足，养殖的产量就高、质量就好，当然效益也就比较好，反之亦然。总之，要以最少的代价获得最大的报酬，这是所有养殖业的经营基础。

## 39. 养殖前如何做好苗种准备工作？

由于泥鳅养殖的利润丰厚，一些所谓的技术公司和专家就欺骗养殖户，用一些养殖效益不好或野生的苗种来冒充优质或提纯的良种，结果导致养殖户损失惨重。因此，在养殖前一定要做好苗种的准备。笔者建议初养的养殖户可以采取步步为营的方式，用自培自育的苗种来养殖，慢慢扩大养殖面积，这样效果最好，可以有效地减少损失。

## 40. 养殖前如何做好资金的准备？

泥鳅养殖作为一项新兴的养殖产业，无论养殖方法如何简单，也需要资金作为后盾，因为购买泥鳅苗种、饵料、一些基础养殖设备都需要钱，需要准备人员工资，池塘需要租金，池塘改造和防敌害等也都需要钱。因此，在养殖前必须做好资金的筹措。至于养殖泥鳅具体需要投资多少，由于市场是不断变化的，因此很难具体回答。不过建议养殖户在决定养殖前,先去市场多跑跑、多看看,再上网多查查,向周围的人或老师多问问,最后再决定自己投资多少。如果实在不好确定,也可以尝试少养一点,先熟悉一下泥鳅的生活习性和养殖技术,等到养殖技术熟练、市场明确时,再扩大生产也不迟。

## 41. 泥鳅的养殖模式有几种?

养殖模式的选择要根据客观实际情况而定,养殖场所特点以及资金、设备投入多少等都将影响最后的选择结果。笔者在调查研究过程中,发现现在人们进行养殖泥鳅时,主要的养殖模式有以下几种。

第一,自己养殖自己销售。即养殖户养殖出的成鳅自己到市场上销售,或是有专门的销售渠道,这样就可以减少中间环节,争取养殖效益的最大化。缺点是可能牵扯更多的精力和时间。

第二,自己养殖供别人销售。即养殖户养殖出的成鳅采用统价方式卖给商贩,再由这些商贩进行筛选后,按规格或不同的市场要求再次出售。采用这种模式养殖时,一定要有可靠的销路保障,由于市场依靠别人,在养殖过程中一是要注意养殖成本的控制,二是要能及时更多地提供优质产品,三是要及时回收资金,以利再生产。一时没有售出的泥鳅,建议不要积压,可以另寻其他买家。

第三,走公司加农户的路子。就是以一家泥鳅养殖公司为基础,这个公司既可以是泥鳅的技术服务单位,也可以是供种单位,还可以是本地从事特种养殖的公司,联系一家一户的农民从事泥鳅养殖,走公司加农户的养殖路子,通过政府搭桥、干部引导和公司上门服务,发展成一支懂养殖技术、防疫、加工、销售的专业队伍,形成产、供、加、销“一条龙”的新型购销模式,促进产业结构调整,实现农企双赢。同时,也充分利用了农村丰富的农产品衍生物,带动了运输业,解决了部分下岗职工和农村剩余劳动力的就业问题，在促进当地农村经济发展方面起到生力军的作用。

公司加农户模式最典型的经营方式是，由农户负责提供养殖场所、负责筹措部分资金、提供劳动力，公司以低于市场价格的价格为养殖户提供优质的苗种，同时负责指定技术员上门进行技术指导，养殖出来的产品最后由公司按当初合同上约定的保底价格回收，统一销售。

第四，走合作社的路子。目前泥鳅养殖大多处于零星散养的模式，在传统的散户养殖经营中，养殖规模小，信息流通差，产品质量低，往往会发生养殖户增产不增收的现象。为解决农民一家一户难以解决的问题，提升泥鳅的市场竞争力，为养殖户增收提供可靠保障，可以考虑创办泥鳅养殖专业合作社的路子，依靠科技、促进经济社会协调发展，充分发挥泥鳅养殖专业合作社技术人员的优势和特点，以科技示范户为基础，加强对市场的分析预测，提高信息的准确性，为定位、定向、定量组织泥鳅的养殖和销售提供决策依据，形成一个技术、产、供、销网络，为养殖户增收致富走出一条新路子。

作为合作社，就要有相应的规章制度，就要实行泥鳅养殖的科学管理，采取“七统一”的管理制度，即统一供种、统一技术、统一管理、统一用药、统一质量、统一收购、统一价格。购买苗种时，由合作社统一联系，邀请有资质、有技术保障的公司送种到家，负责技术指导。同时，利用远程教育、广播、会议培训、发放技术资料等形式传授养殖技术。这种“七统一”的管理制度，不仅可以扩大当地泥鳅的养殖规模，依靠规模效应，增加他们在市场上的话语权，而且还避免了养殖户之间的无序竞争、相互压价。

## 42. 养殖泥鳅的池塘分为哪几种？

泥鳅池分为苗种池和成鳅池 2 种，苗种池面积 30～60 米$^2$，水深 15～40 厘米；成鳅池面积 100～200 米$^2$，大的可达 600～700

米$^2$，水深达30～40厘米，主要用于饲养商品鳅或种鳅。

## 43. 池塘的位置选择有什么要求？

选择适宜的地点建池，是养殖泥鳅的首要问题。

池塘以泥底为好，如果是水泥池，则应铺25～30厘米深的厚泥土，或增添些泥浆，以便泥鳅避暑、御寒、逃藏及栖息之用。成鳅养殖的池塘应建在房前屋后、背风向阳、阳光充足、温暖通风、引水方便、水质清新、弱酸性底质、周边地区无工业或城市污染源、也不受农药或有毒废水的侵害污染、交通便利、电力有保障的地方，最好能自注自排水。

## 44. 泥鳅养殖对池塘水源与水质有什么要求？

泥鳅适应性强，无污染的江、河、湖、库、井水及自来水均可用来养殖泥鳅。我国绝大部分地区的水域都能饲养泥鳅，只有在冷泉冒出及旱涝灾害特别严重的地方，不宜养殖。

根据泥鳅的生态习性，养殖用水的溶解氧应在3毫克/升以上，pH值在6～8之间，透明度在15厘米左右。

## 45. 泥鳅养殖对池塘土质有什么要求？

土质对饲养泥鳅效果影响很大，生产实践表明，在黏质土中生长的泥鳅，体呈黄色，脂肪较多，骨骼软嫩，味道鲜美；在沙质土中生长的泥鳅，体色乌黑，脂肪略少，骨骼较硬，味道也差。因此，养鳅池的土质以黏质土为好，呈中性或弱酸性。如果确实需要在沙质土池塘养殖泥鳅，可在放养前大量投放粪肥改善底质，为泥鳅营造良好的生长环境。

## 46. 如何处理养殖泥鳅的池塘？

泥鳅个体小，生长慢，有钻泥的本能，捕捞十分困难，逃跑能力强，只要有小小的缝隙，它便能钻出去。如果池塘有漏洞，泥鳅甚至能在一天之内，逃得干干净净。所以，泥鳅养殖与其他鱼类养殖在池塘准备上有很大的不同，其主要表现在对池塘的处理上，在建造成鳅池时，考虑到泥鳅特有的潜泥性能和逃跑能力，重点是做好防逃措施，同时也要防止蛇、鼠和野杂鱼等敌害进入养殖区。

一是池的四壁在修整后必须夯实，杜绝渗漏，四周可用水泥筑墙、薄膜贴埂、铲光土壁等措施来达到防逃的目的。

二是在处理池塘的底部时，在挖掘机挖出池塘之后，要把池塘的底部夯得结结实实。

三是池塘上设进水口、下开出水口，进、出水口呈对角线设置，进水口最好采用跌水式，池壁四周高出水面 20 厘米，避免雨水直接流入池塘；出水口与正常水位持平处都要用铁丝网或塑料网、篾闸围住，以防止泥鳅逃逸或被洪水冲跑。排水底孔位于池塘池底鱼溜底部，并用 PVC 管接上，高出水面 30 厘米，排水时可通过调节 PVC 管高度调节水位。因为现在的 PVC 管道造价比较便宜，所以许多养殖场都考虑用 PVC 管道作为池塘的进水管道，它的一端出自蓄水池边的提水设备，另一端直接通到池塘的一边。

四是为防止池水因暴雨等原因过满而引起漫池逃鳅，须在排水沟一侧设一溢水口，深 5～10 厘米、宽 15～20 厘米，用网罩住。平时应及时清除网上的污物，以防堵塞。

五是在生产实践中，许多养殖户还采用处理池塘边缘的方法来达到防逃的目的，就是沿着池塘的四周边缘挖出近 1 米深的沟，然后把厚实的塑料布从沟底一直铺到地面，塑料布的接口也得连接紧密，上端高出水面 20 厘米。将塑料布沿着池的边缘铺满之后，用挖出的土将塑料布压实，这样塑料布就与池塘连成一体。塑料布的上端每隔 1 米左右用木桩固定，以保证塑料布不被大风刮开，这样可有效防止泥鳅逃跑和敌害生物进入；也可用水泥板、砖块、硬塑料板或三合土压实筑成。

在池塘处理时还要做好鱼溜的准备工作，这种鱼溜也叫集泥鳅坑，主要是为了方便捕捞而开挖的，池中设置与排水底口相连的鱼溜，其面积约为池底的 5%，比池底深 30～35 厘米。鱼溜四周用木板围住或用水泥、砖石砌成。

## 47. 为什么养鳅池要清除底层淤泥？

对于那些多年进行泥鳅养殖的池塘来说，鳅苗入池之前，必须清除底层的淤泥。因为池塘的底层淤泥都会淤积很多动物粪便和剩余的饲料，是病原微生物生存的栖息地，而泥鳅又有钻泥的习惯，喜欢在池塘的底部活动。不做好清淤工作会影响泥鳅的健康成长。一般情况下，用铁锹挖起底部 40 厘米的淤泥，集中在一起，然后运到远离池塘的地方处理。同时，也要对池塘进行检查，堵塞漏洞，疏通进、出水管道。

## 48. 如何改造池塘？

如果鱼池达不到养殖泥鳅的要求，就应加以改造。改造池塘时应将小池改大池，浅池改深池，死水改活水，低埂改高埂，狭埂改宽埂。

**(1)改小塘为大塘** 把过去遗留下来不规则的小、浅池塘，合并扩大，提高池塘生产力，发挥更大的经济效益。

**(2)改浅塘为深塘** 把原来的浅水塘、淤集塘，挖深、清淤，保证池塘的深度和环境卫生。

**(3)改漏水塘为保水塘** 有些鱼塘常年漏水不止，这主要是土质不良或堤基过于单薄。沙质过重的土壤不宜建池堤。如建塘后发现有轻度漏水现象，应采取必要的塘底改土和加宽加固堤基措施，在条件许可的情况下，最好在塘周砌砖石或水泥护堤。

**(4)改死水塘为活水塘** 池塘水流不通，不仅影响产量，而且对生产有很大的危险性，容易引起鱼类的严重浮头、浮塘和发病，一旦发生问题，也无法及时采取“救鱼”措施。因此，对这样的池塘，必须尽一切可能改善排灌条件，如开挖水渠、铺设水管等，做到能排能灌，才能获得高产。

**(5)改瘦塘为肥塘** 池塘在进行上述改造以后，就为提高生产力，夺取高产奠定了基础。有了相当大的水体，又能排灌自如，使水体充分交换，但如果没有足够的饲、肥料供给，塘水不能保持适当的肥度，同样不能收到应有的经济效果。因此，我们应通过多种途径，解决饲、肥料来源，逐渐使塘水转肥。

## 49. 为什么要清塘消毒?

清塘消毒至关重要，类似于建房打基础，地基打得扎实，高楼才能安全稳固，否则就有可能酿成“豆腐渣”工程的悲剧。养殖泥鳅也一样，基础细节做得不扎实，就会增加养殖风险，甚至酿成严重亏本的后果。泥鳅池是泥鳅生活栖息的场所，也是泥鳅病原体的贮藏场所。泥鳅池环境的清洁与否，直接影响泥鳅的健康，所以一定要重视泥鳅池的清塘消毒工作。清塘的目的是消除养殖隐患，是健康养殖的基础工作，对苗种的成活率和生长健康起着关键性的作用，它是预防鳅病和提高泥鳅产量的重要环节和不可缺少的措施之一。

在泥鳅生产中，提前半个月左右的时间，采用各种有效方法对池塘进行消毒处理，用药物对池塘进行清塘消毒，既可以有效地预防泥鳅疾病，又能消灭水蜈蚣、水蛭、淡水小龙虾、野生小杂鱼等敌害。

## 50. 如何用生石灰清塘?

生石灰清塘有干法清塘和湿法清塘 2 种方法，所使用的剂量也有一定区别。根据经验，采用干塘消毒方式较好。

**(1)干法清塘** 生石灰的用量为 50～75 千克/667 米$^2$，池塘保留 10 厘米水深，在池底挖若干小坑，将块状石灰倒入坑内，注水溶化成石灰浆水，然后趁热将其均匀泼洒全池，再将石灰浆水与泥浆搅匀，以增强效果，翌日注入新水。

**(2)湿法清塘** 生石灰的用量为 130～150 千克/667 米$^2$，保持水深 1 米，将生石灰溶化，用船全池泼洒。

无论是干法清塘还是湿法清塘，都有清除病原菌、杀灭有害生物、增加钙肥、减少疾病的作用，还有澄清池水，增加池底通气条件，稳定水中酸碱度和改良土壤的作用。生石灰的毒性在 7～10 天消失。在使用生石灰时，要注意两点：一是生石灰要现购现用，不宜久存；二是用量要准确。

## 51. 如何用漂白粉清塘？

还有一种常见有效的消毒方式就是用漂白粉进行清塘消毒，漂白粉清塘也分为干法清塘和湿法清塘，干法清塘保持水深 30 厘米，用量 4～5 千克/667 米$^2$；湿法清塘，水深 1 米时用量为 12～15 千克/667 米$^2$。将漂白粉放入木桶或瓷盆内加水溶解，然后顺风均匀泼洒全池。漂白粉有杀灭杂鱼、致病菌和其他有害生物的作用，其毒性在 5～7 天消失。

注意事项：应将漂白粉密封保存，防止受潮变质。

## 52. 如何用生石灰与漂白粉混合清塘？

水深 1 米，每 667 米$^2$ 用生石灰 65～80 千克和漂白粉 6.5 千克，将漂白粉放入木桶或瓷盆内加水溶解，然后均匀泼洒，生石灰溶化均匀泼洒全池。7～10 天药性消失。

## 53. 怎样用茶粕清塘？

水深 1 米，茶粕用量为 40～50 千克/667 米$^2$。先将茶粕捣碎，浸泡 1 天，选择晴天加水稀释后带渣全池泼洒。茶粕能杀灭杂鱼等并能肥水,但不能杀死病菌。10 天后药性消失。

注意事项:一是茶粕小块必须泡开,以免沉底后造成泥鳅死亡;二是不使用变质茶粕。

## 54. 怎样用生石灰和茶粕混合清塘?

水深 0.66 米,每 667 米$^2$ 用生石灰 50 千克和茶粕 30 千克。先将茶粕捣碎浸泡好,然后混入生石灰中,生石灰吸水溶化后,再全池泼洒。可杀灭杂鱼、病菌等有害生物,增加钙肥。10 天后药性消失。

## 55. 怎样用鱼藤精清塘?

水深 1 米,鱼藤精(7.5%原液)用量为 700 毫升/667 米$^2$。将原液加水稀释后全池泼洒,能杀灭杂鱼等并能肥水,但不能杀死病菌。7 天后药性消失。

注意事项:由于鱼藤精对人、畜有害,所以在使用时要注意安全。

## 56. 如何用巴豆清塘?

水深 30 厘米时,巴豆用量为 1.5～2.5 千克/667 米$^2$。将巴豆磨细,用 30%食盐水浸泡 2～3 天,再用水稀释后连渣全池泼洒。能杀灭杂鱼等并能肥水,但不能杀死病菌。7 天后药性消失。

## 57. 如何用碱粉清塘?

也就是用碳酸钠清塘,通常是在干池时使用,碱粉用量为 7.5 克/米$^3$,先将碱粉化水,加水稀释后泼洒,使池水呈微碱性,可杀灭杂鱼和杂藻,同时有预防出血病的作用。

注意事项:不能与酸性药物同时使用。

## 58. 怎样用氨水清塘？

通常是在干池时使用，氨水用量为 12.5 千克/667 米$^2$，氨水含氮 12.5%～20%。将氨水加水稀释后，均匀泼洒，使池水呈微碱性。氨水有杀菌、杀虫及杀灭有害生物的作用，但不能杀死螺蛳。

注意事项：氨水宜现配现用，不可久放，时间一久容易挥发，使药效降低。

清整好的池塘，注入新水时应采用密网过滤，防止野杂鱼进入池内，待药效消失后，方可放入鳅种。

## 59. 如何用二氧化氯清塘？

二氧化氯消毒是近年来才渐渐被养殖户所接受的一种消毒方式，它的消毒方法是先引入水源后再用二氧化氯消毒，用量为 10～20 千克/667 米$^2$·米水深，7～10 天后放苗，该方法能有效杀死浮游生物、野杂鱼虾类等，防止蓝、绿藻大量滋生，放苗之前一定要试水，确定安全后才可放苗。值得注意的是，由于二氧化氯具有较强的氧化性，加上它易爆炸，容易发生危险事故，因此在贮存和消毒时一定要做好安全工作。

## 60. 清塘后为什么要及时对水体解毒？

在运用各种药物对水体进行消毒，杀死病原菌，除去杂鱼、杂虾、杂蟹等后，池塘里会有各种毒性物质存在，必须先对水体进行解毒后方可用于池塘养殖。

解毒的目的就是降解消毒药品的残毒以及重金属、亚硝酸盐、硫化氢、氨氮、甲烷和其他有害物质的毒性，可在消毒除杂的 5 天后泼洒卓越净水王或解毒超爽或其他有效的解毒药剂。

## 61. 水产养殖中的八字精养法适用于泥鳅养殖吗？

与其他的鱼一样，泥鳅养殖也要求饲养生长快、养殖周期短、产量高、质量好，这样才能取得好的经济效益。为了达到这种高产、高效的目的，我国池塘养鱼工作者将复杂的养鱼生态系统进行简化和提炼，归纳成“水、种、饵、密、混、轮、防、管”8个要素，简称八字精养法综合技术措施。八字精养法是在全面总结我国池塘高产养殖经验的基础上，对成鱼饲养综合技术措施的高度概括。泥鳅在养殖过程中也要遵循八字精养法。

## 62. 八字精养法里的8个字有什么关系？

“水(水体)、种(鳅种)、饵(饵料)”是泥鳅高产养殖必备的基本条件，是稳产高产的基础，一切养鱼技术措施都是根据“水、种、饵”这三大要素确定的。“密(合理密养)、混(多品种混养)、轮(轮捕轮放)”反映的是鳅种的放养方式，是快速养殖泥鳅获得高产稳产的技术措施。“防”(防治鳅病)和“管”(精心管理)则是泥鳅稳产、高产的根本保证，通过“防、管”综合运用物质基础和技术措施，才能达到高产、稳产的目的。以上8个方面是一个互相联系、互相依存、互相制约、互相促进的有机整体。每一个字都有其重要作用和特殊意义，生产中必须字字做实，不可替代，按照八字精养法的要求去做，就能实现高产、稳产。

## 63. 在池塘养殖泥鳅时，水质要达到什么标准？

根据看水养鱼总结出的宝贵经验，在池塘养殖泥鳅时，笔者认为池塘里适合泥鳅养殖的优良水质应具有“肥、活、嫩、爽”的特点。

这种“肥、活、嫩、爽”的生物指标应是：①浮游植物量为20～100毫克/升；②隐藻等鞭毛藻类较多，蓝藻较少；③藻类种群处于增长期，细胞未老化；④浮游生物以外的其他悬浮物不多。

## 64. 肥水的标准是什么？

“肥”就是浮游生物多且鱼类易消化的种类数量多，常用水的透明度来衡量水的肥度，或以人站在上风头的池塘埂上能看到浅滩13～15厘米水底的贝壳等物为度，或以手臂伸入水中16～20厘米处弯曲五指若隐若现作为肥度适当的指示，这样的透明度相当于25～35厘米的透明度和20～50毫克/升的浮游植物量。

## 65. 活水的标准是什么？

“活”就是水色和透明度常有变化，水色不死滞，随光照和时间不同而常有变化，这是浮游植物处于繁殖旺盛期的表现，渔农所谓“早青晚绿”或“早红晚绿”以及“半塘红半塘绿”等都是这个意思。观测表明，典型的活水是膝口藻水华，这种鞭毛藻类的游动较快，有显著的趋光性，白天常随光照强度的变化而产生垂直或水平游动，清晨上、下水层分布均匀，日出后逐渐向表层集中，中午前后大部分集中于表层，以后又逐渐下沉分散，上午9时和下午1时的水体透明度可相差7厘米，当这种藻类群聚于鱼池的某一边或一隅时，就出现所谓的“半塘红半塘绿”的现象。还要求水色不仅有日的变化，还要求每10～15天常有变化，因此“活”还意味着藻类种群处于不断被利用和不断增长的状态，也就是说池塘中物质循环处于良好状态。

## 66. 嫩水的标准是什么？

“嫩”就是水色鲜嫩不老，也是易消化的浮游植物较多，细胞未衰老的表现。所以，水色鲜嫩，肉眼看起来很舒服，水质很清亮。

## 67. 爽水的标准是什么?

“爽”就是水质清爽,水面上、水体中没有污物,无油膜,浑浊度较小,水中溶氧量高,透明度不低于25厘米。渔农所谓“爽”的肥水,浮游植物量一般均在100毫克/升以内。

## 68. 如何通过看水色来判断水质?

在池塘养殖生产中最希望出现的水色有两大类,一类是以黄褐色的水为主(包括姜黄色、茶褐色、红褐色、褐色中带绿色等);另一类是以绿色水为主(包括黄绿色、油绿色、蓝绿色、墨绿色、绿色中带褐色等)。这两种水体均是典型的肥水型水质,含有大量鱼类易消化的浮游植物或浮游动物。但相比之下,黄褐色的水质优于绿色水。其水中滤食性鱼类易消化的藻类相对比绿色水多。黄褐色水的指标生物是隐藻类,在水生生物生态上又称鞭毛藻型塘。这是由于大量投饵和施放有机肥料后,水中丰富的溶解氧和悬浮有机物使兼性营养的鞭毛藻类在种间竞争中处于优势,再加上经常加注新水,控制水质,使鞭毛藻类占绝对优势。这些藻类都是滤食性鱼类容易消化的种类,而且水色的日变化大。而绿色水中滤食性鱼类不易消化的藻类占优势,其指标生物为绿藻门的小型藻体,这种水的生物组成使滤食性鱼类容易消化的藻类不易生长。

当然,在水体中投喂不同饵料和施入不同的肥料后,由于各种肥料所含养分有异,培育出的浮游生物种群和数量有差别,水体也会呈现不同的水色。例如,如果向池中施加适量的牛粪、马粪,池水则呈现淡红褐色;施入人粪尿,池水则呈深绿色;施加猪粪,池水呈酱红色;施加鸡粪时,池水呈黄绿色;螺蛳投得多的池,水色呈油绿色;水草、陆草投得多的池,水色往往呈红褐色。因此,可以通过肥料(特别是有机肥料)的施加来达到改变水色、提高水质的目的,这也是池塘施肥养鳅的目的。

池水中鱼类容易消化的浮游植物具有明显的趋光性，形成水色的日变化。白天随着光照增强，藻类由于光合作用的影响而逐渐趋向上层，在下午 2 时左右浮游植物的垂直分布十分明显，而夜间由于光照的减弱，使池中的浮游植物分布比较均匀，从而形成了水体上午透明度大、水色清淡和下午透明度小、水色浓厚的特点。而鱼类不易消化的藻类趋光性不明显，其日变化态势不显著。另外，每 10～15 天池水水色的浓淡也会交替出现。这是由于一种藻类的优势种群消失后，另一种优势种群接着出现，不断更新鱼类易消化的种类，池塘物质循环快，这种水被称为“活水”。另一方面，由于受浮游植物的影响，以浮游植物为食的浮游动物也随之出现明显的日变化和月变化的周期性变化。这种“活水”的形成是水体高产、稳产的前提，是一种优良水质。

## 69. 如何通过看下风处油膜来判断水质？

有些藻类不易形成水华，或因天气、风力影响不易观察，可根据池塘下风处（特别是下风口的塘角落）油膜的颜色、面积、厚薄来衡量水质好坏。一般肥水下风油膜多、较厚、性黏、发泡并伴有明显的日变化，即上午比下午多，上午呈褐色或烟灰色，下午往往呈现绿色，俗称“早红夜绿”。油膜中除了有机碎屑外，还含有大量藻类。如果下风油膜面积过多、厚度过厚且伴着阵阵恶心味，甚至发黑变臭，这种水体是坏水，应立即采取应急措施进行换冲水，同时根据天气情况，严格控制施肥量或停止投饵与施肥。

## 70. 如何通过看水华来判断水质？

在肥水的基础上，浮游生物大量繁殖，形成带状或云块状水华。水华是水域物理、化学和生物特性综合作用而形成的。其实水华水是一种超肥状态的水质，一种浮游植物大量繁殖形成水华，就反映了该种植物所适应的生态类型及其对鱼类的影响，若继续发展，则对养鳅有明显的危害。因而水华水在水产养殖中应加以控制，人们总是力求将水质控制在肥水但尚未达到水华状态的标准上。但另一方面，水华能比较直观地反映出浮游生物所适宜的水的理化性质、生物特点以及它对鱼类生长、生存的影响与危害。加上水华看得清、捞得到、易鉴别，因而可把它作为判断池塘水质的一个理想指标(表 1)。

**表 1　池塘常见指标生物与水华种类和水质的关系**

| 水色 | 日变化 | 水华的颜色和形状 | 优势生物种群 | 主要出现季节 | 水质优劣与评判 | 备注 |
|---|---|---|---|---|---|---|
| 红褐色 | 显著 | 蓝绿色云块状 | 蓝绿裸甲藻 | 5～11月份 | 高产池，典型优良水质 | 积极培育并保持这种优良水质，以获取高产，一旦水质有恶化趋势立即处理 |
| | 显著 | 棕黄色云块状 | 光甲藻 | 5～11月份 | | |
| | 显著 | 草绿色云块状，浓时呈黑色 | 膝口藻 | 5～11月份 | | |
| | 显著 | 酱红色云块状 | 隐藻 | 4～11月份 | | |
| 红褐色 | 有 | 翠绿色云块状 | 实球藻 | 春、秋季 | 肥水，一般 | 在勤换水的基础上，配合施加无机、有机混合肥，以改良藻类的优势种群 |
| 黄褐色 | 有 | 姜黄色水华 | 小环藻 | 夏、秋季 | 肥水，良好 | |
| 黄褐色 | 不大 | 红褐色丝状水华 | 角甲藻 | 春季 | 较瘦水质 | |
| 浓绿色 | 有 | 表层墨绿色油膜，性黏发泡 | 衣藻 | 春季 | 肥水，良好 | |
| 浓绿色 | 有 | 碧绿色水华，下风处具墨绿色油膜 | 眼虫藻 | 夏季 | 肥水，一般 | |
| 油绿色 | 有 | 下风处具红褐色或烟灰色油膜、性黏 | 壳虫藻 | 5～11月份 | 肥水，一般 | |

续表1

| 水色 | 日变化 | 水华的颜色和形状 | 优势生物种群 | 主要出现季节 | 水质优劣与评判 | 备注 |
|---|---|---|---|---|---|---|
| 油绿色 | 不大 | 无水华、无油膜 | 绿球藻 | 5～11月份 | 较老水质 | 加大换冲水的力度，勤施追肥，量少次多，以有机肥、无机肥混合施用效果最佳 |
| 铜绿色 | 不大 | 表层有铜绿色絮纱状水华，颗粒小，无黏性 | 微囊藻、颤藻 | 夏、秋季 | “湖淀水”，差 | |
| 豆绿色 | 不大 | 表层有豆绿色絮纱状水华，颗粒大，无黏性 | 螺旋项圈藻 | 夏、秋季 | 肥水，良好 | |
| 浅绿色 | 无 | 表层具铁锈色油膜，性黏 | 血红眼虫藻 | 夏、秋季 | “铁锈水”，瘦水，差 | |
| 灰白色 | 无 | 无 | 轮虫 | 春季 | “白沙水”，良好，但鱼易浮头 | |

## 71. 养殖泥鳅时需要施肥吗？

池塘养殖泥鳅的水体有肥水和瘦水之分，肥水中含有大量泥鳅易消化的浮游生物，因此泥鳅在这种水体中能快速生长发育；而瘦水不具备这种优势。所以在养殖泥鳅时，必须尽可能将瘦水转变成肥水，这就是池塘施肥养泥鳅的意义。

在泥鳅养殖池中施肥，它的作用主要体现在3个方面。首先是使浮游植物因得到必要的养分而大量繁殖；其次是促进以浮游植物为饵料的浮游动物和其他水生动物的增殖，这样便为泥鳅提供了各种适口饵料；再次是施到鱼塘里的粪肥等有机肥料中，含有一部分有机碎屑，这些有机碎屑可以直接被泥鳅吞食和利用，从而提高泥鳅的产量。总之，在池塘中施肥，可以提高水体肥度，增加泥鳅的产量，肥料进入水体后，参与水体生态系统的能量流动和物质循环。

## 72. 在泥鳅池里施有机肥有什么作用？

用于池塘养殖泥鳅的肥料，主要是有机肥，也就是我们通常所说的农家肥，还有一种就是无机肥，也就是常说的化肥。

由于农家肥肥源广、生产潜力大、成本低，所以它是我国渔民在渔业生产中的一类不可缺少的传统肥料。长期施用有机肥，不仅可以改善水产品的营养和口感，增加渔业产量，还能培肥水质，培育饵料生物，增强水产品的品质和体质健康。

有机肥料包括各种作物的秸秆、草木灰、绿肥、人粪尿、牲畜粪尿、家禽粪便、厩肥、堆肥、沼气肥和某些工厂的废水及生活污水等。这些是我国养鱼生产中历史最久、运用最多最广、效果又最好的一种肥料。

在施有机肥的池塘中，自养细菌在食物链的第一环节中占有主要地位，由于细菌比浮游植物繁殖快，饵料利用价值高，所以这种池塘对浮游动物的繁殖特别有利，往往能保持较高的生物量。另外，有机肥营养成分较全面，所含营养元素较集中，不但含有氮、磷、钾，还含有其他各种营养元素。有机肥施用后分解慢，肥效较缓和而持久，故又称为迟效肥料。所以，从长期效果看，对于浮游生物的增殖比较适宜，这些特点使有机肥具有较高的生产效果。

## 73. 有机肥有哪些优点？

有机肥施于水体后，有以下几方面的优点。

第一，营养全面。例如，100 千克的干猪粪，就含有氮 5.4 千克，磷 4 千克，钾 4.4 千克。这些养分相当于硫酸铵 27 千克，过磷酸钙 24 千克，硫酸钾 8.8 千克。另外，还有少量的钙、镁、硫及各种微量元素。农村各种秸秆燃烧以后的灰分，称为草木灰，含钾特别丰富，高达8.1%，还有2.3%的磷和10.7%的钙。即100千克草木灰相当于硫酸钾16.3千克，过磷酸钙13.8千克。

第二，提高水体养分的有效性较高。因为有机肥是以有机质为主，在施入水体后，水体中和池塘底质中的有机质必然会增加。因此，在池塘这个小生境中，土壤微生物也就变得非常活跃，它们在分解水体中和土壤中的有机质时，一方面释放出生物饵料所需的各种养分，另一方面微生物所分泌的有机酸，又能促进土壤中一些难溶矿物质的溶解，达到提高水体养分有效性的效果。

第三，能改良水体成分。有机肥施入水体后，各种有效的营养成分也就随之被水体所接受，部分有机物质可以络合水体中有毒或难溶解的矿物质而沉积于淤泥中，改良了水体的营养成分，缓解了水体的毒素影响。

第四，可促进底质结构的改良。微生物在分解有机质的过程中，一方面提供养分给作物吸收利用，另一方面又形成一种黏结性物质，把分散的土粒团聚在一起，形成一种疏松的团粒结构。这种结构对提高池塘底质的保水、保肥、保温能力有重要作用。

第五，可以变废为宝，净化环境。制作有机肥的材料来源很广，生产潜力很大，成本也很低，可以说哪里有人类居住和农业生产，哪里就会得到制作有机肥的材料，如人粪尿、畜禽粪便、各种作物的秸秆、塘埂地头的杂草、水产品加工后的残渣以及城市垃圾等。这些废、杂物品，如果不用来制成有机肥，人类的生活环境就会受到污染。所以，施用有机肥实际上是变废为宝，也有利于环境的净化。

## 74. 有机肥包括哪些种类？

第一类是绿肥，包括采用天然生长的各种野生青草、水草、树叶、嫩枝芽或各种人工栽培的植物而制成的绿肥；各种油料作物的子实，在经过榨油或提取后所制成的饼肥，如大豆饼、菜籽饼、芝麻饼、花生饼和棉籽饼等;以各种作物的秸秆和木柴燃烧后的草木灰制成的肥料。

第二类是粪肥,包括人粪尿、家畜粪尿、家禽粪便、混合堆肥、沼气肥等。

在泥鳅的池塘养殖中,最常用的有机肥就是各种粪肥,这是因为这类肥料具有来源广的特点,而且大部分是不花代价,只需人力、物力即可获取的高效肥。因此,目前施用这类粪肥作基肥或追肥在农村池塘养泥鳅中占有主导地位。

## 75. 为什么有机肥施用前需要发酵腐熟?

池塘施用各种粪肥,最好先经过发酵腐熟,避免生鲜粪直接施入池塘,在分解过程中消耗池中大量溶解氧,并易受气候的影响,使肥效不稳定,而且病菌较多,易导致泥鳅患病。池塘如施用新鲜牛粪,容易引起泥鳅黏细菌烂鳃病,而先经过发酵腐熟,就可以杀死大量细菌,对预防泥鳅的细菌性疾病有一定作用。施粪肥时加水稀释或不加水直接洒入池塘即可。

## 76. 有机肥作基肥时如何施用?

一般施用量为每 667 米$^2$ 400～500 千克(指一般的半干半湿家畜粪肥、厩肥或堆肥,人粪与鸡粪用量减半),具体用量可视池塘的深浅、肥料的浓稀及原有的水质肥度而酌情增减。如果刚进行了排水清塘,那么可将肥料均匀撒布于塘底浅水中,使其在阳光暴晒、水温升高时较快地分解矿化,3～4 天后即可加满水位,再隔 7～8 天即可放鱼。如果在池塘水位较高时施基肥,可在放鱼前 10～15 天,将肥料堆成小堆,放于向阳浅水处,使其逐渐分解矿化,扩散于水中。如果当时水温已较高,可在放鱼前 5～7 天将肥料用水搅匀,均匀泼洒于塘面上。

## 77. 有机肥作追肥时如何施用？

追肥的数量应视养鱼方式、池塘条件、肥料质量（即稀粪与稠粪的区别以及腐熟程度）和水温高低而不同。根据我国大部分地区养鱼的实践经验，追肥的用量一般为：4～6 月份，每月每 667 米$^2$ 水面施加 300～400 千克；7～9 月份，由于投饵量大，水质已很肥，一般不再追施粪肥；9 月中旬以后，天气转凉，水色变淡，又可酌情施肥，以保证水温的恒定或水温的缓慢下降，一般每月每 667 米$^2$ 用量为 200～250 千克。投饵不充分的池塘，施肥用量应参照上述标准酌情增加，而且在 7～9 月份的生长旺季也不能停止施肥，一般每月每 667 米$^2$ 用量为 200 千克左右。不投饵的池塘，如果水源可靠，更应加大追肥量，以争取高产，用量大体上可定为每月每 667 米$^2$ 500～1 000 千克，深水塘、低肥效或生长旺季从高，反之从低。

## 78. 什么是无机肥？

无机肥料又称化学肥料，简称化肥，就是用化学工业方法制成的肥料。一般无机肥料施用后肥效较快，故又称为速效肥料。无机肥料以所含成分的不同，可分为氮肥、磷肥、钾肥和钙肥等。其中氮肥和磷肥对水产养殖相当重要。

## 79. 无机肥料有哪些优点？

第一，有效养分含量高。无机肥料是用特定的化学物质制成的，具有一定的针对性，因此有效养分含量高是其最主要的特点之一。例如，氮肥中的硫酸铵含氮 20%，尿素含氮 48%。1 千克硫酸铵所含的氮素，相当于人粪尿 25～40 千克。1 千克过磷酸钙（过磷酸钙含磷 18%～20%）相当于猪圈肥 80～100 千克。1 千克硫酸钾（硫酸钾含钾 50%）相当于草木灰 6～8 千克。

第二，施入水中肥效快。无机肥施入水体后，能很快被水分溶解，并被浮游植物利用。有经验的渔民可以通过池塘水色的变化来判断肥料的效果，一般 3～5 天即可看到水色有明显的变化。

第三，养分单一。这是因为除复合肥料外，无机肥料的原料都比较单纯，容易确定，大多数是一种肥料仅含一种肥分，因此在作为追肥使用时，可根据池塘的水色和养殖鱼类的不同品种、不同的生长发育阶段，缺什么补什么，这就叫看鱼施肥，既经济，见效又快。

第四，在安全用肥的范围内，对池塘污染较轻，而且池塘的自净作用能力强，能很快自我调节。

第五，无机肥的施用具有用量较小、操作方便的特点。

## 80. 无机肥包括哪些种类？

第一类是氮肥，包括硫酸铵、氯化铵、碳酸氢铵、氨水、硝酸铵、硝酸铵钙、尿素等。

第二类是磷肥，包括过磷酸钙、重过磷酸钙、汤马斯肥、磷灰土、钙镁磷肥、脱氟磷肥、磷矿粉等。

第三类是钾肥，包括氯化钾、硫酸钾、窑灰钾肥等。

第四类是钙肥，包括生石灰、消石灰和石灰石等。

第五类是复合肥，包括硝酸磷肥、磷酸铵、三元复合肥等。

## 81. 如何确定无机肥的施用量？

池塘施用各种无机肥的数量，因土壤的结构与特点、池塘的条件、水质的肥瘦、池水的深浅、养鱼的方式及水平、饲养鱼的种类不同而有所差异。氮肥的用量以所含的氮计，基肥大致为每 667 米$^2$ 2～2.5 千克。铵态氮肥少施一些，硝态氮肥多施一些。以后每次追肥的用量大致为基肥的 1/4～1/3，全年总的用量为每 667 米$^2$ 20 千克。各种氮肥的实际用量可根据含氮量进行换算，如硫酸铵的含氮量约为20%，那么每667米$^2$施基肥数量如按需氮2千克计算，则需施硫酸铵的量为2×100÷20＝10千克，追肥量为2.5～3.5千克/次，同法可得全年用量为40～60千克。

根据各地区土壤中所含磷量的不同，磷肥的施用量以五氧化二磷计算，基肥为每667米$^2$1～2千克，追肥为基肥的1/4～1/3，全年用量为7～15千克。

施用钾肥时，其用量以氧化钾计算，基肥为每667米$^2$0.5千克，追肥为基肥的1/4～1/3，全年用量为1.5～2.5千克。

钙肥的用量要根据池塘的底质性质、腐殖质的多少、pH值的高低、是否大量施用有机肥料以及水源、水质的硬度大小等条件加以综合考虑。我国渔农在结合清塘施用生石灰时，根据池底腐殖质的多少，用量一般为50～100千克/667米$^2$（常用量为75千克/667米$^2$），使用生石灰作追肥的用量，大致为每次4～5千克。

## 82. 对无机肥的施肥时间有什么要求?

在水体中投施化肥是一项技术性很强的工作，总的原则是少量多次、少施勤施，充分发挥化肥的作用，避免浪费，提高经济效益。施肥的时间与水温有密切的关系，一般情况下，当水温上升到15℃以上时，就应先施基肥，要求一次性施足，以后施化肥作为追肥，必要时辅以厩肥。当水温上升至20℃～30℃时，浮游植物在适宜的光照、温度条件下，繁殖期来到，需要大量的能量供应，此时也正是泥鳅快速生长的旺季，化肥的总量要多施，主要把握好施肥的次数要多，通常选择在晴天中午施肥。

## 83. 无机肥施肥的次数有要求吗?

无机肥大多数是速效肥，用作追肥效果较好，施用时宜少量多次。在泥鳅快速生长期间，最好每3～4天施用1次，至少每周施用1次，以确保池水肥度适宜且稳定。

## 84. 施用无机肥有哪些方法?

无机肥的施用比较简单:生石灰需要结合清塘或消毒施于塘底或单独泼洒。施肥时,先将各种化肥放于桶内或其他较大的容器内,然后用水溶化并稀释,均匀洒于塘面上,施肥原则上采取少量多次、少施勤施的原则,通常选择在晴天中午光照强度大的时候进行,雨天尽量不施,在天气闷热情况下宜少施或不施,但如果连续阴雨,水质较瘦时,也得及时施用。

应特别注意的是,在混合用磷肥、氮肥时,必须先施磷肥,后施氮肥,次序不能颠倒,也不可同时进行。如果氮肥、磷肥同时施用,就会产生一种有毒、无肥效的偏磷酸,这将大大降低施肥的效果。

氨水碱性较强,不宜与过磷酸钙混合施用,它具有较强的挥发性,使用时应避免有效成分的挥发而造成损失。根据广东地区的经验,可将整坛氨水放入池塘中,然后在水中把盖打开,将坛斜放,使氨水慢慢冒出,这样既可避免在岸边倾倒挥发损失,又可避免熏死塘埂上种植的鱼草或农作物。

## 85. 为什么有机肥和无机肥要混合施用?

由于施化肥时,池塘中食物链的第一个环节主要是浮游植物,而浮游植物作为浮游动物的饵料,营养价值不如细菌,所以这时池塘中浮游动物的数量远不及施有机肥的池塘。另外,在浮游植物中,施化肥的池塘主要以绿藻类为主,而绿藻类的饵料价值比施有机肥时池塘中的优势种群金藻类、硅藻类、隐藻类差一些,而且化肥的肥效不持久,水质较难掌握。所以,单独施用化肥时,效果不如有机肥,如果混合施用有机肥和无机肥时,各种成分适当搭配,取长补短,才能发挥最大的经济效益。

## 86. 什么是生物鱼肥？

生物鱼肥是一种新型高效复合肥料，它是针对无机肥和有机肥的缺点与弊端，应用先进的理论和技术，将无机元素、有机元素和生物活性物质科学地配比复合，研发出来的一种专门针对水产养殖的肥料。这种肥料是针对养殖水体的理化要求和水产养殖的营养需求特点，精心研制开发的含氮、磷、钙的复合肥料，根据水体施肥“以磷促氮、以微促长”的理论，合理配比各营养要素，充分发挥有机肥、无机肥、微量元素及微生物的不同特点，能在较短的时间内迅速培肥水质，促进优良藻类的大量繁殖、生长，控制藻相平衡，将老化水质转为嫩绿水质，水色鲜活，为水产动物创造良好的生活环境，增强浮游植物酶的活性，提高光合作用效率，增加水中的溶解氧含量。

## 87. 生物鱼肥有哪些优缺点？

生物鱼肥是替代传统无机肥和有机肥的新一代高效复合水产专用肥，能够综合调控水质，改善不良水体的生物群落结构，使养殖水体呈现“肥、活、嫩、爽”的水质特色，保持养殖水环境的生态平衡，降低养殖对象的发病率等。另外，还具有使用方便、使用量少的优势。这种肥料的缺点就是价格太高，应用成本较大，因此对于泥鳅养殖户来说，要想全面应用还有一定难度。另外一个缺点就是由于这种肥料是刚刚研制出来的新型肥料，目前只是广谱性的，并没有专门针对某一种鱼类，如目前并没有完全根据泥鳅的养殖特点和摄食习性开发出专用于泥鳅的生物肥。

## 88. 生物鱼肥有什么特别之处？

第一个特别之处就是与传统无机肥相比，由于在配制过程中，可以人为地调控肥料里的元素配比，因此生物鱼肥的氮、磷含量高，氮、磷的水溶性好，添加了水生生物必需的铁、锌、镁、铜、钴、钼、硒等系列微量元素，从而提高肥效并能激活有益藻、益生菌的生物酶活性，加强其同化作用，加快其繁殖和生长速度，保证水产动物有丰富的天然饵料。

第二个特别之处就是干净卫生，由于生物鱼肥富含生物有机酸如腐殖酸、胡敏酸、乌敏酸等，既具有传统有机肥肥效持久的优点，又能提高水生植物的生理活性，而且不产生有机渣质，对水体和底质没有污染，因此投入泥鳅池塘后就显得非常干净卫生。

第三个特别之处就是在生物鱼肥里添加的生物活性物质，能促进泥鳅易消化藻类的繁殖，抑制有害藻、有害菌的繁殖和生长，同时具有增加溶解氧的作用，还能降低氨氮、亚硝酸盐、硫化氢等有害物质的含量，对于净化水质、改善底质、保持水环境的生态平衡具有重要作用。另外，这种生物活性物质在发挥作用时还能有效地预防鳅池发生浮头泛池的概率，可以提高泥鳅的活力。

第四个特别之处就是用量少而准确、见效快而持久、水色爽活、肥效比高，既能促进泥鳅的生长、发育，又可减少病害，增加施肥的直接效益和综合效益。

## 89. 生物鱼肥与传统肥料相比，有哪些优势和不足？

为了方便说明问题，这里以表格形式说明生物鱼肥与各类传统肥料的比较，这种比较只是一种参考，养殖户在具体的养殖过程中还是要根据当地的肥料来源、使用习惯、养殖成本等综合考虑（表 2）。

**表 2 生物鱼肥与各类传统肥料的比较**

| 肥料类型 | 肥料功效比较指标 | | | | | | | |
|---|---|---|---|---|---|---|---|---|
| | 营养物 | 对水质影响 | 污染状况 | 病害传染 | 成 本 | 操作方法 | 劳动强度 | 肥 效 |
| 绿肥或粪肥 | 不稳定 | 大量耗氧 | 有机污染 | 易传播疾病 | 低 | 简 便 | 大 | 慢而持久 |
| 混合堆肥 | 不稳定 | | 易污染 | 未发现 | | 较复杂 | | 较 快 |
| 无机混合肥 | 较 差 | 改变 pH 值 | 污染较轻 | 不传播疾病 | 较 低 | 较简便 | 较 大 | 快而不持久 |
| 有机肥＋无机肥 | 较全面 | | | 未发现 | | 简 便 | | 较 好 |
| 生活污水 | 不稳定 | 不可预测 | 污染较重 | 未发现 | 最 低 | 简 便 | 小 | 较 好 |
| 生物鱼肥 | 全 面 | 改善水质 | 无污染 | 不传播疾病 | 较 高 | 简 便 | 较 小 | 较 好 |

## 90. 如何施用生物鱼肥？

生物鱼肥的施用也是有技巧的，主要包括以下几点。

一是在鳅种放养前 1 周，用生物鱼肥施足基肥来培肥水质，施用量可根据池塘是否是老池而决定，新池的施用量为 6 千克/667 米$^2$·米，老池的施用量为 4 千克/667 米$^2$·米。

二是在养殖过程中要根据水质肥度适时施加追肥，追肥量为每次 4～5 千克/667 米$^2$·米。

三是施肥是以晴天上午施用为宜，阴雨天不要施，以免影响效果。

四是施肥时先将生物鱼肥溶于适量水中，待生物鱼肥在水中充分溶解并保持 30～60 分钟后再均匀泼洒。

五是无论是施基肥还是施追肥，在施肥后的 3 天内，最好不换水或注水。

六是生物鱼肥不宜与碱性物质一起存放或施用，施生石灰前后 1 周内不宜施用生物鱼肥。

## 91. 在泥鳅养殖时，如何调整生物施肥量？

首先是根据池塘情况调整施肥量。淤泥过厚，应减少施肥量并配合使用底质改良剂。保水、保肥性能差的池塘，可适当增加施肥量。新池可适当增加施基肥和追肥的数量。

其次是根据季节和天气调整施肥量。3～5 月份时，水温较低，泥鳅摄食量较少，水中营养物质易缺乏，可适当增加施肥量；6～9 月份时，混养池的投饵量大，水质已较肥，可不施追肥或少施追肥；9 月份后，天气转凉，水质变淡，可酌情增加施肥量。

## 92. 如何培植鳅池里的有益微生物种群？

培植有益微生物种群，不仅能抑制病原微生物的生长繁殖，消除健康养殖隐患，还可将塘底有机物和生物尸体通过生物降解转化成藻类、水草所需的营养盐类，为肥水培藻奠定良好的基础。在解毒 3～5 小时后，就可以采用有益微生物制剂如水底双改、底改灵、底改王等药物按使用说明全池泼洒，目的是快速培植有益微生物种群，用来分解消毒杀死的各种生物尸体，避免二次污染，消除病原隐患。

如果不用有益微生物对消毒杀死的生物尸体进行彻底的分解或消解，那些具有抗体的病原微生物待消毒药效过期后就会复活，而且它们会在复活后利用残留的生物尸体大量繁殖。而病原微生物复活的时间恰好是泥鳅活动最频繁的时期，病原微生物极易侵入鳅体，引发病害。所以，我们必须在用药后及时解毒和培育有益微生物种群。

## 93. 肥水培藻有哪些重要性？

肥水培藻是泥鳅养殖中的一个新话题，实际上就是在放苗前，在施基肥肥水的同时培育有益藻相。水质和藻相的好坏，会直接关系到泥鳅对生存环境的应激反应。如果泥鳅生活在水质爽活、藻相稳定的水体中，水体里面的溶解氧和 pH 值通常是正常稳定的，而且在检测时，会发现水体中的氨氮、硫化氢、亚硝酸盐、甲烷、重金属等一般不会超标，泥鳅在这种环境里才能健康生长，才能实现养出优质泥鳅的目的。反之，如果水体里的水质条件差，藻相不稳定，那么水中的有毒、有害物质就会明显增加，同时水体中的溶解氧偏低，pH 值不稳定，会直接导致泥鳅应激患病。

## 94. 良好的藻相有什么作用?

肥水就是通过向池塘里施加基肥的方法来培育良好的藻相。良好的藻相具有 3 个方面的作用。一是良好的藻相能有效地起到解毒、净水的作用，主要是有益藻相能吸收水体环境中的有害物质，起到净化水体的效果。二是有益藻相可以通过光合作用，吸收水体内的二氧化碳，同时向水体里释放出大量的溶解氧。据测试，水体中 70%左右的氧是有益藻类和水草产生的。三是有益藻类自身或者是以有益藻类为食的浮游动物，它们都是泥鳅喜食的天然优质饵料。

## 95. 培育优良水质和藻相的方法有哪些?

培育优良水质和藻相的关键是施足基肥，如果基肥不施足，肥力就不够，营养供不上，藻相活力弱，新陈代谢低下，水质容易清瘦，不利于鳅苗、鳅种的健康生长，当然泥鳅也就养不好，这是近几年来很多养殖户辛苦摸索出来的经验。

现在市场上培育水质的肥料都是使用生物肥、有机肥或专用培藻膏，各个生产厂家的肥料名称各异，但是培肥的效果却有很大差别。各地有其他类似的药物，可以采用，具体的用法和用量可参考说明书。

勤施追肥保住水色是培育优良水质和藻相的重要技巧，可在投种后1个月的时间里勤施追肥，追肥可使用市售的专用肥水膏和培藻膏。具体用量和用法如下：前10天，每3～5天追1次肥，后20天每7～10天追1次肥，在施肥时讲究少量多次的原则，这样做既可保证藻相营养的供给，也可避免过量施肥造成浪费，或者导致施肥太猛，水质过浓，不便管理。

## 96. 池塘浑浊时如何肥水培藻？

导致这种情况发生的原因很多，发生的季节和时间也很多，尤其是在大雨后的初夏时节更易发生。主要表现是池塘里白浪滔天，池水严重浑浊，水体中有益藻类严重缺乏，此时施肥几乎没有效果。

采取的对策如下。

**(1)解毒** 用特定的药品来解毒，用量和用法请参考使用说明。

**(2)引进新水** 在解毒3小时后，引进5厘米深的含藻新水。

**(3)及时施足基肥** 在解毒后第二天就可以施基肥了，既可以用常规的农家肥，也可以用生物肥料，区别在于农家肥是需要时间相对较长才有效果，而生物肥料是一种速效的肥料，培养水体速度较快。

**(4)勤施追肥** 在肥水3天后，就开始施用追肥，由于水温低，肥水难度大，用常规的施肥养鱼技术很难见效。这时可使用专用的生化追肥，具体用法可参考各生产厂家的使用说明。

值得注意的是，发生这种情况时，最好在晴天上午10时左右施用肥料。

## 97. 低温寡照对水体培肥有什么影响？

笔者在为养殖户进行“科技入户”服务时，在指导他们运用施基肥来肥水培藻时，经常会遇到泥鳅池里肥水困难或根本无法肥水的情况，这多是由于低温寡照引起的。

低温寡照主要发生在早春时节，在泥鳅养殖刚刚开始进入生产期的时候发生较多。由于气温低，导致池塘里的水温低，加上早春的自然光照弱，另外在冬闲季节清塘消毒的空塘时间过长，多种因素叠加在一起，共同发生作用，导致鳅池里的清塘药残难以消除，水体中有机质缺乏，对肥水培藻产生不利影响。而大多数养殖户只看到表面现象，并不究其根源，因此看到池水不肥，就一味地盲目施肥，甚至施猛肥、施大肥，直接将大量的鸡粪施在池塘里，这样当然不会有太明显的效果。而更严重的是大量的鸡粪施入池塘里，容易导致养殖中后期塘底产生大量泥皮、青苔、丝状藻，从而引发池塘水质和底质出现问题，最终导致泥鳅病害横行。

池塘水温太低时施肥效果不明显，已经成为一个共识，除了上述原因外，还有两方面的原因：一个是当水温太低时，藻类的活性受到抑制，它们的生长发育也受到抑制，这时候如果采用单一无机肥或有机无机复混肥来肥水培藻，一般来说都不会有太明显的效果；另一方面，在水温太低时，池塘里刚施放进去的肥料养分易受絮凝作用，向下沉入塘底，由于底泥中刚刚被清淤消毒过，底层中有机质缺乏，导致这些刚刚到达底层中的养分易渗漏流失，有的养分结晶于底泥中，水表层的藻类很难吸收到养分，所以肥水培藻很困难。

## 98. 在低温寡照时如何肥水培藻？

**(1)解毒**　用专用净水药剂来解毒，使用量请参照说明书，在早期低温时可适当加大10%的用量。

**(2)及时施足基肥**　在解毒后第二天就可以施基肥了，笔者建议此时施用速效生化肥料，不要使用常规的农家肥。

**(3)勤施追肥**　在肥水3天后，就开始施用追肥，由于水温低，肥水难度大，用常规的施肥养鱼技术很难见效，这时可使用专用的生化追肥，具体用法、用量可参考各生产厂家的产品使用说明书。

值得注意的是，采用这种技术来施肥，虽然成本略高，但肥水和稳定水色的效果明显，有利于早期泥鳅的健康养殖，为将来的养殖生产打下坚实的基础。

## 99. 用深井水作水源时如何肥水培藻？

在泥鳅精养区里，由于水源的进、排水系统并不完善，常造成水源受到了一定程度的污染，许多养殖户就自行打井以深井水作为养殖水源，这种深井水虽然避免了水源的相互交叉感染，但是这种水缺少氧气，富含矿物质，对肥水培藻也有一定的影响。

采取的对策如下。

**(1)曝气增氧** 在池塘进水后，开启增氧机曝气3天，以增加池塘水体里的溶解氧。

**(2)解除重金属** 用特定的药品来解除重金属，用量和用法请参考使用说明。

**(3)引进新水** 在解除重金属3小时后，引进5厘米深的含藻新水。

**(4)及时施用基肥和施用追肥** 基肥在解毒后第二天就可以施用，追肥在肥水3天后开始施用，具体的用量可参考各生产厂家的产品使用说明。

## 100. 为什么在雨天不能施肥？

雨天施肥至少有四大弊端：一是天气阴暗光照减弱，水体中浮游植物光合作用不强，对氮、磷等元素的吸收能力较差；二是随水流带进的有机质较多，故不必急于施肥；三是水量较大，施肥的有效浓度较低，肥效也随之降低；四是溢洪时，肥料流失性大。

## 101. 为什么在闷热天气不能施肥?

天气闷热时，气压较低，水中溶解氧较低，施加肥料后则使水中有机耗氧量增加，极易造成精养鱼池因缺氧而浮头泛池。同时，天气闷热时，可能即将有大雨降临，而雨天施肥效果很差。

## 102. 为什么池塘里水体浑浊时不能施肥?

水体过分浑浊时，说明水体中黏土矿粒过多，氮肥中的铵离子和磷肥及其他肥料的部分离子易被黏土粒子吸附固定、沉淀，迟迟不能释放肥效，造成肥料的损失。

## 103. 为什么不能单施化肥?

施肥的主要目的是培育水体中鱼类易消化的浮游植物和浮游动物，经过食物链与能量流动，最终供鱼类食用。浮游生物吸收营养是有一定比例的，一般要求氮、磷、钾的有效比例为 4：4：2，如果单施某种化肥，肥效的营养元素比较单一，则其他的营养元素就会成为限制因子而制约肥效的充分发挥。

## 104. 为什么不能随意混合施肥?

某些酸性肥料与碱性肥料混合施用时，易产生气体挥发或沉淀沉积于淤泥中而损失肥效；某些无机盐类肥料的部分离子与其他肥料的部分离子作用也可丧失肥效；有些离子被土壤胶粒吸附也会丧失肥效。因此，并不是每种肥料都可以混合使用的。如果因防治鱼病需调节水质而施放生石灰时，最好等 10～15 天后再施用过磷酸钙，以免使肥效丧失。

## 105. 为什么在高温季节不要施肥?

施用肥料最适合主养鲢、鳙等肥水性鱼类的精养鱼塘。根据鲢、鳙鱼的生长规律(即鲢、鳙鱼所摄食的浮游生物的生长规律),鱼塘施肥的季节宜在每年的5～10月份,水温在25℃～30℃的晴天中午进行,但并非温度越高越好。因为在7～8月份的高温季节,水体中许多鱼类易喜食的浮游生物种群较少,在水温超过30℃时应停施、少施肥料,特别是有机肥料易引起水体溶解氧降低,如果此时仍一味施肥,不仅会浪费肥料而提高养殖成本,而且会败坏水质,引起浮头泛塘。

## 106. 为什么固态化肥不能干施?

氮、磷肥呈颗粒状,如果干施,由于重力因素,它们在水表层停留的时间较短,易沉入水底,陷入污泥中,从而影响肥效。正因为这个原因,许多鱼类专家将淤泥比喻成氮、磷肥的"陷阱"。一般在施用固态氮、磷肥时,以采用溶解后对水全池泼洒的方法为最佳。

## 107. 为什么在泥鳅摄食不旺或生病时不能施肥?

在泥鳅摄食不旺时施肥,培育出的大量浮游生物不能被及时有效地利用,易形成水华,败坏水质。而在暴发鱼病时,泥鳅的抵抗力减弱,若铵态氮肥施用较高,则易使泥鳅中毒死亡。同时,在暴发鱼病时,泥鳅的摄食能力下降,故不宜施肥。

## 108. 为什么一次施肥不能过量?

如果过量施用铵态氮肥,会使水体中氨积累过多,造成泥鳅中毒现象;施有机肥过量,则会使水体中有机物耗氧量增大,容易造成鱼池缺氧而泛塘。所以施肥时,千万不能图省事一次将肥料下足,应严格遵循"少量多次、少施勤施"的八字施肥方针,一般要求3～5天施追肥1次,使池水的总氮有效浓度始终保持在0.3毫克/升以上,总磷浓度保持在0.04～0.05毫克/升以上。

## 109. 为什么施肥后不能排走表层水?

肥料施入水体后,经过一系列的理化反应,3～5 天后才可以转化成浮游生物,7 天左右优势种群的数量达到高峰期,而且浮游生物的种群一般均匀分布在水体表层 1～2 米处。如果施肥后排走表层水,则培育的浮游生物明显受到损失,造成肥效下降。如果因农业用水需要必须排水,应从底涵排水。

## 110. 泥鳅养殖用水的处理有几种方式?

在大规模池塘养殖泥鳅时,常常会涉及循环用水,因此就必须对养殖用水进行科学的处理。根据目前我国养殖泥鳅的现状来看,通过物理方法来对养殖用水进行处理是很好的,这些物理方法包括通过栅栏、筛网、沉淀、过滤、挖掘移走底泥沉积物,进行水体深层曝气,定时进、排水等工程性措施。

**(1)栅栏处理** 栅栏用竹箔、网片组成。通常是将栅栏设置在泥鳅养殖区域水源的进水口,通过栅栏的作用,防止水中较大个体的鱼虾类、漂浮物、悬浮物以及敌害生物进入养殖区域水体。

**(2)筛网处理** 筛网一般安置在水源进水口的栅栏一侧,以防小型浮游动物进入孵化容器中残害幼体。对于那些利用工业废水来养殖泥鳅时,更要使用筛网加以处理;也可用筛网清除粪便、残饵、悬浮物等有机物。

**(3)沉淀处理** 在养殖上一般采用沉淀池沉淀,沉淀时间根据用水对象确定,通常需要沉淀 48 小时以上。

**(4)过滤处理** 过滤是使水通过具有空隙的粒状滤层,使微量残留的悬浮物被截留,从而使水质符合养殖标准。

## 111. 如何向泥鳅池里投放水生植物?

泥鳅养殖池内应种些水生植物,如套种慈姑、浮萍、水浮莲、水花生等水生植物，覆盖面积占池塘总面积的1/4左右，以便增氧、降温及遮阴，避免高温阳光直射，为泥鳅提供舒适、安静的栖息场所，以利于其摄食生长。同时，水生植物的根部还为一些底栖生物的繁殖提供场所，有的水生植物本身还具有一些效益，可以增加收入。当夏季池中杂草太多时，应予清除，池内可放养一些藻类或浮萍，既可以改善水质，还可以补充泥鳅的植物性饲料。

## 112. 泥鳅以哪种模式投放为好？

成鳅养殖指的是从5厘米左右鳅种养成每尾12克左右的商品鳅。根据养殖生产实践证明，池塘养殖泥鳅时的投放模式有2种，效果都还不错。一种是当年放养苗种当年收获成鳅，即4月份前把体长4～7厘米的上年苗养殖到当年的10～12月份收获，这样既有利于泥鳅生长，提高饲料效率，当年达到上市规格，还能减少由于囤养、运输带来的病害与死亡。放养时应注意，规格过大易性成熟，成活率低；规格太小到秋天不容易养殖成大规格商品泥鳅。第二种就是翌年下半年收获，也就是当年9月份将体长3厘米的泥鳅养到翌年的7～8月份收获。不同的养殖模式，其放养量和管理也有一定差别。

根据养殖效果来看，每年4月份正是全国多数地区野生泥鳅上市的旺季，野生泥鳅价格便宜，是开展野生泥鳅收购暂养的黄金季节，也是开展泥鳅苗人工繁殖的好时机。春季繁殖的泥鳅小苗一般养殖到年底就可以达到商品规格，完全可以实现当年投资当年获利的目标。而秋季繁殖的泥鳅小苗，可以在水温降低前育成条长6厘米左右的大规格冬品鳅苗，养殖到翌年的夏季就可以达到上市规格，若养到冬季出售，其规格较大，所以每年4月份以后是开展泥鳅苗养殖的最好时机。

放养泥鳅的时间、规格、密度等会直接影响泥鳅养殖的经济效益，由于4月份至5月上旬，正值泥鳅怀卵时期，这时候捕捞、放养较大规格的泥鳅，往往都已达到性成熟，不耐囤养和运输，在放苗后 15 天内易发生性成熟泥鳅大批死亡的现象。同时，部分性成熟的泥鳅也不容易生长。因此，笔者建议放养时间最好避开泥鳅繁殖季节，可选在 2～3 月份或 6 月中旬后放苗。

## 113. 泥鳅的放养品种以哪种为好？

如果是自己培育苗种，就投放自己的苗种，如果是从外面购入苗种，则要对品种进行观察筛选。以选择黄斑鳅为最好，灰鳅次之，尽量减少青鳅苗的投放量。另外，在放养时最好注意苗种供应商的泥鳅苗来源，以人工网具捕捉的为好，杜绝放养电捕和药捕苗。

## 114. 什么是合理的泥鳅放养密度？

放养密度通常包括所有鱼种的总放养量和每种鱼的放养量等两层意思。

在能养成商品规格的成鳅或能达到预期规格鳅种的前提下，可以达到最高鳅产量的放养密度，即为合理的放养密度。在一定的范围内，只要饲料充足，水源水质条件良好，管理得当，放养密度越大，产量越高。故合理密养是池塘养鳅获得高产的重要措施之一。只有在混养基础上，密养才能充分发挥池塘和饲料的生产潜力。在池塘里养殖成鳅，放养密度与池塘条件、泥鳅的种类与规格、饵料供应和水质管理措施等有着密切关系。

## 115. 影响泥鳅放养密度的关键因素是什么？

影响泥鳅放养密度的最关键因素是饵料，它是池塘养殖泥鳅时密度加大、产量提高的物质基础。合理的放养密度，要根据池塘的条件、饲料和肥料供应情况、鳅苗的规格以及饲养水平等因素来确定。泥鳅密度越大，投喂的饲料越多，则产量越高。但提高放养量的同时，必须增加投饵量，才能得到增产效果。所以，对于饲料来源易得的池塘，则多放，密度可以提高；反之，则少放。

其次，限制放养密度无限提高的因素是水质。在一定密度范围内，放养量越高，净产量越高。超出一定范围，尽管饵料供应充足，也难以收到增产效果，甚至还会产生不良结果，其主要原因是水质的限制，这些限制因素包括溶解氧是否充足、有机物质的含量、还原性物质的含量、有毒物质的含量等。因此，凡水源充足、水质良好、进排水方便的池塘，放养密度可适当增加，配备有增氧机的池塘可比无增氧机的池塘多放。

池塘条件与放养密度也存在关系。总的来说，鳅池的条件包括蓄水能力、排灌水是否方便、池埂是否完好等，只要这些条件好，就可以增加放养密度，反之则要降低密度。有流水条件及技术力量好的池塘可适当增加放养量。

鳅种的放养密度与鳅种的规格与放养量有很大关系，简单地说，就是大规格的苗种要少放，小规格的苗种要多放。规格为3厘米左右的鳅种，在水深40厘米的池中每667米$^2$放养3万尾左右，水深60厘米左右时可增加到5万尾左右；规格为6厘米左右的鳅种，在水深40厘米的池中每667米$^2$放养2万尾左右，水深60厘米左右时可增加至3万尾左右。要注意的是，同一池中放养的鳅种要求规格均匀整齐，大小差距不能太大，以免出现大鳅吃小鳅的现象。

毫无疑问，饲养管理措施与放养密度之间有着密不可分的关系，管理水平高的池塘，放养密度可以加大，反之则要降低密度。

## 116. 鳅种放养前应如何处理？

鳅种放养前应用3%～5%的食盐水消毒，以降低水霉病的发生，浸洗时间为5～10分钟；或用1%聚维酮碘溶液浸浴5～10分钟，可杀灭其体表的病原体；也可用8～10毫克/升漂白粉混悬液进行鳅种消毒，当水温在10℃～15℃时浸洗时间为20～30分钟，可杀灭鳅种体表的病原菌，增加抗病能力。

在泥鳅池中可适当搭养些中上层鱼类，如草鱼、鲢鱼、鳙鱼等夏花鱼种，不宜搭配罗非鱼、鲤鱼、鲫鱼等品种。

## 117. 在池塘养殖泥鳅时，饵料选择有哪些要求？

泥鳅的食性很广，泥鳅苗种投放后，除施肥培肥水质外，应投喂人工饲料，以促进成鳅生长。饲料可因地制宜，除人工配合饲料外，还可以充分利用鲜活动植物饵料，如蚯蚓、蝇蛆、螺肉、贝肉、野杂鱼肉、动物内脏、蚕蛹、畜禽血、鱼粉和谷类、米糠、麦麸、次粉、豆饼、豆渣、饼粕、熟甘薯、食品加工废弃物和蔬菜茎叶等。泥鳅对动物性饵料特别喜爱，尤其是破碎的鱼肉。因此，给泥鳅投喂的饵料应以动物性饵料为主。在生产中，许多养殖户注意到一个现象，那就是在泥鳅摄食旺季，不能让泥鳅吃得太多，如果连续1周投喂单一高蛋白质饲料，如鱼肉等，由于泥鳅贪食，吃得太多，会引起肠道过度充塞，导致泥鳅在池中集群，并影响肠呼吸，使泥鳅大量死亡。因此，应注意将高蛋白质饲料和纤维质饲料配合投喂。为防止泥鳅过度停留在食场贪食，可采取多设一些食台，并将其均匀分布于池塘中的办法。

另外，泥鳅饵料的选择和食欲还与水温有一定的关系，当水温在20℃以下时，以投喂植物性饵料为主，占投饵量的60%～70%；水温在21℃～23℃时，动、植物饵料各占50%；当水温超过24℃时，植物性饵料应减少至30%～40%。

## 118. 如何合理安排投饵量？

在水温为15℃以上时，泥鳅食欲逐渐增强，此时投饵量为体重的2%，随水温升高而逐步增加。水温为20℃～23℃时，日投饵量为体重的3%～5%；水温为23℃～26℃时，日投饵量为体重的5%～8%；在26℃～30℃时泥鳅食欲特别旺盛，此时可将投饵量增加到体重的10%～15%，促进其生长；在水温高于30℃或低于10℃时，应减少投饵量甚至停喂饵料。饵料应制成块状或团状的黏性饵，在设置的食台定点投喂，投喂时间以傍晚为宜。

## 119. 如何给鳅池里的泥鳅投饵？

投喂人工配合饲料时，一般每天上、下午各喂1次，投饵应视水质、天气、摄食情况灵活掌握，以翌日凌晨不见剩食或略见剩食为度。投饵要做到定时、定点、定质、定量。

## 120. 如何调控泥鳅池的水质？

养殖池水质的好坏，对泥鳅的生长发育极为重要。泥鳅池塘水质的调控方法主要有以下几种。

一是及时调整水色，要保持池塘水质"肥、活、爽"。养殖泥鳅的池塘水色以黄绿色为佳，透明度以20～30厘米为宜，溶解氧的含量达到3.5毫克/升以上，pH值在7.6～8.8，养殖前期以加水为主，养殖中后期每2～3天换水1次，每次换水量在20%～50%。当池水的透明度大于25厘米时，就应追施有机粪肥，增加池塘中桡足类、枝角类等泥鳅的天然饵料生物；透明度小于20厘米时，应减少或停施追肥。经常观察水色变化，当发现水色变为茶褐色、黑褐色或水体溶解氧低于2毫克/升时，要及时加注新水，更换部分老水，定期开启增氧机，以增加池水溶解氧，避免泥鳅产生应激反应。

二是及时施肥，通常每隔15天施肥1次，每次每667米$^2$水面施有机肥15千克左右。也可根据水色的具体情况，每次每667米$^2$水面施1.5千克尿素或2.5千克碳酸氢铵，以保持池水呈黄绿色。

三是及时消毒。6～10月份每隔2周用二氧化氯消毒1次，若发现水塘水质已富营养化，还可结合使用微生态制剂，适当施一些芽孢杆菌、光合细菌等，以控制水质。光合细菌每次用量为5～6克/米$^3$水体，施用光合细菌5～7天后，池水水质即可好转。

四是对温度进行有效控制。泥鳅最适宜的生长水温为18℃～28℃，当水温达30℃时，泥鳅大部分钻入泥中避暑，易造成缺氧窒息死亡，此时要经常更换池水，并增加水深，以调节水温和增加水体溶解氧。当泥鳅常游到水面浮头“吞气”时，表明水中缺氧，应停止施肥，注入新水。同时，还要采取遮阳措施，在池塘宽边或四角栽种莲藕等挺水植物遮阴，降低池水水温，也可栽种水浮莲和浮萍等水生植物遮阴。

五是每天检查、打扫食台1次，观察泥鳅摄食情况。每20天用20克/米$^3$生石灰全池泼洒1次，每15天用漂白粉1克/米$^3$消毒食台1次。

六是防止缺氧。夏季清晨，如果只有少数泥鳅浮出水面，或在池中不停地上下蹿游，这种情况属于轻度缺氧，太阳升起后便会自动消失。如果有大量泥鳅浮于水面，驱之不散或散后迅速集中，表明缺氧比较严重，这时一定要及时采取解救措施。

## 121. 在夏季酷暑时泥鳅池的防暑降温措施有哪些?

一是在池埂上种植丝瓜、南瓜、葫芦、葡萄等藤蔓植物，并在池塘上方搭建架子供瓜果攀爬，面积占池塘总面积的1/3～1/2。

二是在池边搭设荫棚，以供泥鳅在高温时避暑。

三是在人工高密度养殖泥鳅时，在池角种植莲藕、茭白等挺水植物，或在池塘里移栽水生植物如浮萍、水浮莲等漂浮性水草，以供泥鳅在高温时避暑，同时还可为泥鳅提供部分植物性饲料。

四是适时加注新水，适当提高水位。

## 122. 在池塘养殖泥鳅时，泥鳅是如何逃跑的？如何防逃？

泥鳅善逃，当拦鱼设备破损、池埂坍塌或有小洞裂缝外通、汛期或下暴雨发生溢水时，泥鳅就会随水或钻洞逃逸。特别是池塘高密度饲养泥鳅，即使只有很小的水流流入饲养池中，泥鳅便可逆水逃走，特别是大雨涨水时，往往在一夜之间逃走一半甚至更多。因此，日常管理中重点是防逃，防逃措施主要有以下几点。

一是在清整池塘时，要同时清除池埂上的杂草，夯实并加固、加高池埂，查看池埂是否有小洞或裂缝外通，如有则应及时封堵，避免因池水浸泡发生坍塌龟裂。

二是在汛期或下暴雨时，要主动将部分池水排出，以确保池塘不被迅速淹没或发生漫池现象，同时整理并加固池埂，及时堵塞漏洞，疏通进、排水口及渠道，避免发生溢水逃鱼。

三是加强进、排水口的管理，检查进、排水口的拦鱼设备是否损坏，一旦有破损，就要及时修复或更换，在进水口常常会有新鲜水流入池中，泥鳅就会逆水流逃跑，因此要防止泥鳅从这里逃跑（图 2）。

四是在饲养泥鳅的池塘四周安装防逃网，防逃网要求有 30 厘米以上高度，网下沿要埋入泥土中，以免漫水时泥鳅逃逸。

## 123. 在池塘养殖泥鳅时，如何防治疾病？

泥鳅发病的原因多是由于日常管理和操作不当而引起，而且一旦发病，治疗起来也很困难。因此，对泥鳅的疾病应以预防为主。

一是选好泥鳅的饲养环境，要适于泥鳅的生长发育，减少应激反应。

二是要选择体质健壮、活动强烈、体表光滑、无病无伤的苗种。

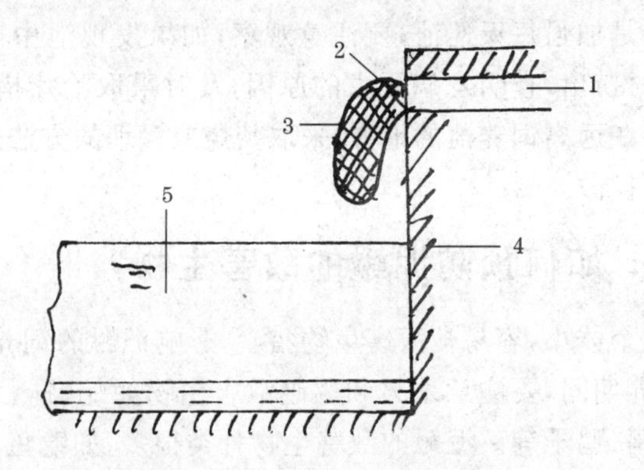


图 2　泥鳅池进水口网罩示意

1. 进水管　2. 进水口　3. 聚乙烯网罩　4. 池壁　5. 池水

三是在鳅苗下池前进行严格的鳅体消毒，杀灭鳅体上的病菌。

四是确定合理的放养密度，放养密度太稀，造成水面资源的浪费；放养密度太密，又容易导致泥鳅缺氧和患病。

五是定期加注新水，改善池塘水质，增加池水溶解氧，调节池塘水温，减少疾病的发生。

六是加强饲料管理工作，观察泥鳅的摄食、活动和病害发生情况，绝不能投喂腐臭变质的饲料，否则泥鳅易发生肠炎等疾病。同时，要及时清扫食场、捞出剩饵。

七是在饲养过程中，定期用药物进行全池消毒、调节水质，杀灭池中的致病菌，可用 1％聚维酮碘溶液全池泼洒，使池水浓度达到 0.5 克/米$^3$。

八是定期投喂药饵，并用硫酸铜和硫酸亚铁合剂在食台挂篓、挂袋，增强池塘中泥鳅的抗病力，防止疾病的发生和蔓延。

九是在捕捞运输过程中规范操作，避免因人为因素而使鳅体受伤感染，引发疾病。

十是定期检查泥鳅的生长情况，避免发生营养性疾病。

十一是加强每天巡池，要注意观察，如果发现池中有病鳅、死鳅，要及时捞出，查明发病死亡的原因，及时采取治疗措施。病鳅和死鳅要在远离饲养池的地方，采取焚烧或深埋的方法进行处理，避免病原扩散。

## 124. 如何预防泥鳅的敌害生物?

泥鳅个体小，容易被敌害生物猎食，影响泥鳅的饲养效果。因此，在饲养期间，要注意杀灭和驱赶敌害生物如蛇、蛙、水蜈蚣、红娘华、鸥鸟、鸭子等。泥鳅的敌害生物种类很多，如鲶鱼、乌鳢等凶猛肉食性鱼类以及其他与泥鳅争食的生物如鲤鱼、鲫鱼、蝌蚪等。

预防的方法是：在鳅苗下池前用生石灰彻底清塘，杀灭池中的敌害和肉食性鱼类；在进水口处加设拦鱼网，防止凶猛肉食性鱼类及其鱼卵进入泥鳅池；对于已经存在的大型凶猛性鱼类，可采用钩钓的方法清除；禽鸟可采用药和枪杀的办法清除；驱赶池边的家畜，防止鸭子等进入池内伤害泥鳅。

值得注意的是，由于青蛙是益虫，应从保护生态的角度出发进行预防，池塘中如果有蝌蚪及蛙卵时，千万不要用药物毒杀或捞出干置，应用手抄网将蛙卵或集群的蝌蚪轻轻捞出，投放到其他天然水域中。

# 三、泥鳅的池塘套养技术

## 125. 池塘套养泥鳅有什么意义？

池塘套养是我国池塘养鱼的特色，也是提高池塘鱼产量的重要措施之一，套养可以合理利用饲料和水体，发挥养殖鱼类之间的互利作用，降低养殖成本，提高养殖产量。

泥鳅可在家鱼亲鱼池、鱼种池和养鳝池中混养，利用池塘野杂鱼虾、残饵为食，一般不需专门投饵。

## 126. 对混养泥鳅的池塘环境有什么要求？

池塘的大小、位置等条件应随主养鱼类而定，但混养泥鳅的池塘必须是无污染的水体，pH 值在 6.5～8.5，溶解氧在 5 毫克/升以上，大型浮游动物、底栖动物、小鱼、小虾丰富。

## 127. 池塘套养泥鳅的比例如何确定？

在常规成鱼池搭配泥鳅时，搭配比例要科学，这种混养方式泥鳅产量可占池塘总产量的 10%～20%。

适于和泥鳅进行套养的鱼类主要是不争饵料、不争空间的草鱼、鳊鱼、鲢鱼、鲮鱼和鳙鱼等，不能和鲶鱼、乌鳢等肉食性鱼类套养，也不宜与同泥鳅争夺水域地盘的罗非鱼、鲤鱼、鲫鱼等套养。如果利用面积在 6 670 米$^2$ 以上的池塘养殖泥鳅，建议采用立体养殖或者网箱养殖泥鳅，可以增加水体利用率，提高单位面积产量，增加整体效益。

## 128. 在四大家鱼鱼种池塘套养泥鳅应如何操作?

**(1)混养原理** 这种模式主要适合于鱼种培育为主而且规模较大的养殖场,鱼种塘一般具有面积不大、池水不深、水质较好等特点,在充分利用有效水体和不影响鱼种生长的情况下,适当套养泥鳅,既可消灭池中小杂鱼,又可增加经济收入。

**(2)池塘条件** 池塘要选择水源充足、水质良好,水深为0.8米左右的鱼种养殖池塘。

**(3)放养时间** 泥鳅的放养时间一般在4月中下旬进行,与鱼种下塘的时间几乎相同。

**(4)放养品种** 泥鳅品种以黄斑鳅为最好,灰鳅次之,不得投放青鳅苗。

**(5)放养密度** 若投放规格为6厘米的泥鳅,每667米$^2$水面可套养0.8万尾;体长3厘米左右的鱼种,每667米$^2$水面套养0.5万尾左右。应注意的是,同一池中放养的鳅种要求规格均匀整齐,大小差距不能太大,以免发生大鳅吃小鳅的现象。

**(6)放养前的处理** 鳅种放养前用3%～5%食盐水消毒,以降低水霉病的发生,浸洗时间为5～10分钟;用8～10毫克/升的漂白粉溶液进行鱼种消毒,当水温在10℃～15℃时浸洗时间为20～30分钟,可杀灭泥鳅鱼种体表的病原菌,增加抗病能力。

**(7)饲料投喂** 根据放养量和池塘本身的资源条件来看,一般不需投饵,如发现鱼塘中确实饵料不足可适当投喂泥鳅专用饵料,在投喂泥鳅饵料时要注意先喂主养鱼,后喂套养的泥鳅。

**(8)日常管理** 每天坚持早、晚各巡塘1次,早上观察有无浮头现象,如浮头过久,应适时加注新水或开动增氧机。下午检查摄食情况,以确定翌日的投饵量。另外,酷热季节和天气突变时,应加强夜间巡塘，防止发生意外。

适时注水，改善水质，一般每 15～20 天加注新水 1 次，天气干旱时，应增加注水次数，如果鱼塘载体量高，必须配备增氧机，并科学使用增氧机。

定期检查鱼的生长情况，如发现生长缓慢，则须加强投喂。

## 129. 在四大家鱼鱼苗池套养泥鳅应如何操作？

**(1)池塘选择** 鱼苗池塘要求水质较肥，水体透明度在 25 厘米左右，池塘保持水深 1.2 米以内，最好有浅坡、浅滩，坡比为 1∶1.5～2。在投放苗种前池塘要经过严格消毒，使池中既没有敌害生物，也没有肉食性鱼类如鳜鱼、乌鳢、鲶鱼等。

**(2)主养鱼类** 根据泥鳅的特性和鱼苗培育的特点来看，主养鲢、鳙鱼苗的池塘套养泥鳅效果是比较好的。

**(3)放养前的准备** 泥鳅苗种放养前 7～10 天，要进行池塘消毒工作，2 天后施肥并加水。另外，为了防止泥鳅逃逸，塘口四周要埋设密网。

**(4)泥鳅放养** 经过药物消毒的池塘，1 周后当轮虫大量出现时即可同时投放泥鳅水花和花、白鲢夏花，也可在主养品种投放前先培育泥鳅水花，选择晴天上午在上风口浅水处投放，每 667 米$^2$水面投放 5 万～10 万尾。投放生长快、抗逆性好的优质黄鳅苗种。

**(5)饲养管理** 鱼苗塘套养泥鳅时，应加强鱼苗的投喂管理，实行投喂豆浆与有机粪肥相结合的方法，操作方法与常规鱼苗投喂一样。泥鳅饵料以沉性颗粒饲料或自配粉料为主，少投膨化颗粒饲料。

## 130. 泥鳅如何与龟、鱼、螺同时套养?

龟大多喜欢潜居在水底,钻入泥中,或者上岸晒甲、活动,使养龟池的大量空间处于闲置状态,因此可利用龟池这种水体空间,在里面进行适当的套养,对控制龟的疾病,降低龟饵料的投放,降低养殖成本,增加收入非常有效。

**(1)清塘消毒** 在龟、鱼、螺、鳅入池饲养前,饲养池要进行一次彻底的消毒,清塘消毒的药物主要是生石灰、漂白粉、茶枯等,具体的使用方法参考前文所述。

**(2)池塘建设** 这种套养模式是以养龟为主,养殖鱼、螺、鳅为辅,因此养殖池应严格按照养龟池要求设计建设。龟池的水位可维持在80厘米左右,一般的鱼塘也可改造成混养池,但因龟有爬墙凿洞逃逸的习性,泥鳅有非常强的逃逸能力,因此应在池塘四周筑起防逃墙。在进、出水口用密网拦好,防止敌害生物侵入。还要根据需要,修建食台、休息场及亲龟产卵场。

**(3)品种选择** 龟类以七彩龟、黄喉水龟、草龟为好,鱼类以温水性非肉食性鱼类为主,如鲢鱼、鳙鱼、草鱼、鳊鱼等,可充分利用水中的浮游生物。螺类以福寿螺和中华圆田螺为好,它们取食龟、鱼、鳅的粪便及有机碎屑。泥鳅以从稻田、水沟等野外捕捉的黄鳅为好,如果是自己培育的则更好。泥鳅喜食池中的杂草及寄生虫,是水底清洁工。同时,仔螺、幼鳅又是龟类最好的饵料。

**(4)龟、鱼、螺、鳅的放养** 幼龟每平方米放养4~6只,成龟放养2~4只。幼龟池可放养5厘米左右的小规格鱼种,用以培育大规格鱼种;成龟池和亲龟池则放养长15厘米左右的大规格鱼种,以养成商品鱼。田螺为每100米$^2$投放25千克,泥鳅每100米$^2$放养5千克左右。

**(5)科学投喂** 这种套养方式的饲料投喂是以龟为主,在满足龟摄食的情况下,适当投喂一些鱼类饲料,如瓜果、菜叶等,在水中也可养些水浮莲等植物，既可净化水质，又可供螺、鳅采食。

龟和泥鳅一样，也是杂食性动物，动物性饲料包括猪肉、小鱼虾、牛肉、羊肉、猪肝、家禽内脏、蚯蚓、血虫、面包虫，植物性饲料包括菠菜、芹菜、莴笋、瓜果等。还有一种就是大规模养殖时使用的人工配合饵料，具有营养全面、使用方便等优点，像专用龟增色饲料、颗粒状饲料等。另外，由于螺、鳅类繁殖的仔螺、幼鳅又是龟最好的食物之一，因此龟的投饵要根据套养池内的天然饵料而定，投喂方法也要遵循“四定”原则进行。

**(6)日常管理**

一是加强巡塘，防敌害、防逃、防盗，观察龟、鱼、螺、鳅的活动情况，发现问题及时处理。

二是管理以龟为主，在亲龟产卵季节，应尽量减少拉网次数，以免影响龟交配产卵，减少产卵量，给养龟造成经济损失。

三是鱼类的饲养管理与池塘养鱼一样，混养池塘也要通过加强管理，为鱼和鳅创造良好的生长环境。

四是在气候异常时，尤其在闷热天气时，可能会发生龟类不适而减少活动量，鱼类会出现浮头现象，严重时可造成泛塘死亡，泥鳅上蹿下跳，到处翻滚，而螺会大量地贴在池边。为防止这些事故的发生，养殖者在气候异常时应及时加注新水，平时少量多次追肥，保持水体适宜肥度，注意宁少勿多，保持水体的清洁度。

## 131. 在莲藕池塘如何套养泥鳅？

泥鳅为杂食性鱼类，一方面它能够捕食水中的浮游生物和害虫，同时也需要人工喂食大量饵料，它排泄出的粪便大大提高了池塘的肥力，在鱼、藕之间形成了互利关系，因而可以提高莲藕产量25%以上。

**(1)池塘准备** 池塘要求光照好，土质肥沃，水源充足，水质良好，水的 pH 值为 6.5～8.5，溶解氧不低于 4 毫克/升。没有工业废水污染，注、排水方便。土层较厚，保水、保肥性强，洪水淹不没，干旱时不缺水。池塘底泥厚30～40厘米，面积为2 001～3 335米$^2$，平均水深1.2米，以东西向为好。藕池施肥后整平，在10天后泥质变硬时就可以开挖围沟、鱼坑，目的是在高温、藕池浅灌、追肥时为泥鳅提供藏身之地并方便投喂和观察其摄食、活动情况。围沟挖成“田”字形或“目”字形，沟宽50～60厘米，深30～40厘米，在围沟交叉处或藕田四周适当挖几个鱼坑，坑深0.8～1米，开挖沟、坑所取出的泥土用来加高夯实池埂。

**(2)安装拦鱼栅** 在种植莲藕的池塘套养泥鳅，泥鳅非常容易逃跑，因此要进行改建，做好防逃工作。拦鱼栅安装在养鱼藕塘的进、排水口处，防止泥鳅由进、出水口逃走。拦鱼栅用竹箔或金属网制作，顶端应高出池埂20厘米，呈弧形安装固定，凸面朝向水流。拦鱼栅孔目大小根据养泥鳅规格确定。注、排水中如渣屑多或池塘面积大，可设双层拦鱼栅，里层拦泥鳅，外层拦杂物。

同时，要对池埂层层夯实，埂边用木板、水泥板或塑料薄膜拦住，大小、高低以铺满池埂为宜，并埋入泥中20～30厘米深。

**(3)施足基肥，适时追肥** 种藕前15～20天，每667米$^2$水面撒施发酵鸡粪等有机肥800～1 000千克，耕翻耙平，然后每667米$^2$水面用80～100千克生石灰消毒。排藕后分2次追肥，第一次在藕莲生出6～7片荷叶正进入旺盛生长期时，第二次于结藕开始时，称为施催藕肥。一般第一次追肥多在排藕后25天左右，长出1～2片立叶时每667米$^2$水面施人粪尿1 000～1 500千克。第二次追肥多在排藕后40～50天，芒种前后长出2～3片立叶，并开始分枝时每667米$^2$水面施人粪尿1 500～2 000千克，如二次追肥后生长仍不旺盛，15天后即在夏至前再追肥1次，夏至后停止追肥。施肥应选在晴朗无风的天气，不可在烈日下或中午进行，每次施肥前应放浅田水，让肥料吸入土中，然后再灌至原来的深度。追肥后泼浇清水冲洗荷叶，如肥不足，可每667米$^2$水面追施硫酸铵

15 千克。

**(4)选择优良种藕** 种藕应选择优良品种，如慢藕、湖藕、鄂莲二号、鄂莲四号、海南洲、武莲二号、莲香一号等。种藕一般是临近栽植才挖起，需要选择具有本品种特性，最好是有 3～4 节以上，子藕、孙藕齐全的全藕，要求种藕粗壮、芽旺、无病虫害、无损伤。

**(5)排藕技术** 莲藕下塘时宜采取随挖、随选、随栽的方法，也可采用催芽后栽植的方法。排藕时，行距 2～3 米，穴距 1.5～2 米，每穴排藕或子藕 2 枝，每 667 米$^2$ 水面需种藕 60～150 千克。

栽植时分平栽和斜栽。深度以种藕不浮漂和不动摇为度。藕头入土深度为 10～12 厘米。斜插时，把藕节翘起 20°～30°角，以利吸收阳光，提高地温，提早发芽，要确保荷叶覆盖面积约占全池面积的 50%，不可过密。

**(6)藕池水位调节** 莲藕适宜的生长温度是 21℃～25℃，因此藕池的管理主要是通过放水深浅来调节温度。排藕 10 余天至萌芽期，水深保持在 8～10 厘米，以后随着分枝和立叶的旺盛生长，逐渐加深至 25 厘米，采收前 1 个月，水深再次降低至 8～10 厘米，水过深要及时排除。

**(7)消毒杀菌** 放养泥鳅鱼种前，每 667 米$^2$ 水面用生石灰 180 千克化水后全池泼洒，杀灭塘内野杂鱼和病原。药效消失后每 667 米$^2$ 水面施有机肥 1 000 千克，7 天后投放鳅苗。

**(8)泥鳅的放养** 在莲藕池中放养泥鳅，放养时间和放养技巧与常规养殖是有区别的，一般在藕成活且长出第一片叶后放鳅种，为了提高饲养商品率，每 667 米$^2$ 水面投放规格为 0.5 克/尾的泥鳅 6 000～10 000 尾为宜，要求泥鳅体壮、无病、无伤、大小均匀。鳅种下塘前用 3%食盐水浸泡 5～10 分钟。

**(9)泥鳅的管理**

①投饵 泥鳅养殖过程中既要肥水，又要进行人工投饵。泥鳅放养后第三天开始投喂，可适当投喂麦麸、饼类、蚯蚓、动物内脏

等，选择鱼坑为投饵点，每天投喂 2 次，分别为上午 7～8 时、下午 4～5 时，每天的投饵量为泥鳅体重的 3%～6%，具体投喂数量根据天气、水质、泥鳅摄食和活动情况灵活掌握。水温在 15℃以上时泥鳅食欲逐渐增强，20℃～30℃是摄食的适温范围，25℃～27℃时食欲特别旺盛，超过 30℃或低于 15℃以及雷雨天可不投饵。定期向藕塘中倾泻发酵的粪水，一般每隔 1 个月追肥 1 次，每次每 667 米$^2$ 水面倾泻粪水 50～100 千克，以培养浮游生物作泥鳅的饵料，池水透明度控制在 15～20 厘米。进入 7 月份后，在池塘上方安装 2 盏诱虫灯。一盏为白炽灯，吊在藕叶上方 20 厘米处；一盏为黑光灯，吊在藕叶下、水面上 10 厘米处，2 盏灯处在同一垂直线上。天黑后先开白炽灯，发现有大量虫蛾时，打开黑光灯，关闭白炽灯。30 分钟后，关闭黑光灯，再打开白炽灯。如此反复操作，诱蛾效果颇佳。

②巡田　即对藕田进行巡视，这是藕鱼生产过程中的基本工作之一。只有经过巡田才能及时发现问题，并根据具体情况及时采取相应措施，故每天必须坚持早、中、晚 3 次巡田。巡田的主要内容是：观察鱼的浮头情况，查找导致鱼浮头的原因。检查田埂有无洞穴或塌陷，一旦发现应及时堵塞或修整。鱼沟、鱼溜要有一定深度和宽度，在养殖期间保持水流畅通。检查水位，使其始终保持在适当的深度。在投喂时注意观察泥鳅的摄食情况，相应增加或减少投饵量。防治疾病，经常检查藕的叶片、叶柄是否正常，结合投喂、施肥观察泥鳅的活动情况，及早发现疾病，对症下药。同时，要加强防毒、防盗管理，也要保证环境安静。

③注水　注水的原则是鳅藕兼顾，随着气温不断升高，在不影响莲藕生长的情况下，要尽可能及时加注新水，合理调节水深以利于藕的正常光合作用和生长。6 月初水位升至最高，达到 1 米。7～9 月份，每 15 天换水 10 厘米，每月每立方米水体用生石灰 15 克化水泼洒 1 次。防病主要使用口服药物，每 15 天投喂含 0.2%

土霉素的药饵 3 天。

④防病　在对莲藕进行病害防治时，要注意选用高效、低毒、低残留的无公害农药，并掌握正确的施用方法，同时要考虑农药不能对泥鳅的安全产生影响。莲藕的虫害主要是蚜虫，可用 40%乐果乳油 1 000～1 500 倍液或抗蚜威 200 倍液喷雾防治。病害主要是腐败病，应实行 2～3 年的轮作换茬，在发病初期可用 50%多菌灵可湿性粉剂 600 倍液加 75%百菌清可湿性粉剂 600 倍液喷洒防治。

在疾病流行季节，每 20 天左右在围沟、鱼坑泼洒 10 毫克/升生石灰水，预防泥鳅患病。或投喂药饵，积极做好疾病的防治工作。

# 四、泥鳅的网箱养殖技术

## 132. 网箱养殖泥鳅有什么优势?

网箱养殖适合在大水体中进行,主要优点是水流通过网孔,使箱体内形成一个活水环境,因而水质清新,溶解氧丰富,可实行高密度精养。

网箱养殖泥鳅具有设备简单、节省投资、占用水面少、规模可大可小、单产高、管理方便、生长速度快、放养密度大、成活率高、不受水体大小限制、易捕捞、经济效益显著等优点,是一项值得推广的实用养殖技术。

## 133. 制作网箱有什么要求?

箱体是网箱的主要结构,通常用竹、木、金属线或合成纤维网片制成。生产上主要用聚乙烯网线等材料,编织成有结节网和无结节网 2 种。所编织的网片可以缝制成不同形状的箱体。为了装配简便、利于操作管理和接触水面范围大,箱体通常为长方形或正方形。箱体面积一般为 5～30 米$^2$,以 20 米$^2$ 左右为佳。网长 5 米、宽 3 米、高 1 米,网目为 0.5～1 厘米,其水上部分为 40 厘米,水下部分为 60 厘米。网质要好,网眼要密,网条要紧,以防水老鼠咬破而使泥鳅逃跑。网箱可选用网目为 1～3 厘米的聚乙烯网制成。网箱箱面 1/3 处设置饵料框。

## 134. 如何选择放置网箱的水域?

只要那些水位落差不大、流速不要太大、水质良好无污染、受洪涝及干旱影响不大、水体中无损害网箱的鱼类或水生动物、水深

1～2.5 米的水域均可考虑设立网箱，无论是静水的池塘还是微流水的沟渠、湖泊或水库均可设置网箱来养殖泥鳅。

放在池塘的网箱要求设置在水深 1.5 米以上、水面面积在 3 335 米$^2$ 以上的池塘。放在稻田里的网箱要先在稻田的一边挖深沟，要求水深在 1 米以上，深沟的长、宽以能放下网箱为准。网箱无论设置在什么地方，其面积都不要超过水体面积的 1/3。

## 135. 养鳅网箱如何设置?

用于养殖泥鳅的网箱有浮动式和固定式 2 种，前者分为敞口浮动式和封闭浮动式 2 种，后者分为敞口固定式和封闭投饲式 2 种。网箱的框架四周必须加防逃网，水上部分应高出水面 40 厘米左右，以防泥鳅逃逸。所有网箱的设置均要牢固成形。网箱设置时，先将 4 根毛竹插入泥中，然后网箱四角用绳索固定在毛竹上。四角用石块作沉子用绳索拴好，沉入水底，调整绳索的长短，使网箱固定在一定深度的水中，可以升降，调节深浅，以防风浪将网箱冲走，确保网箱养泥鳅的安全。

## 136. 养鳅网箱放置的深度有哪些要求?

网箱放置的深度应根据季节、天气、水温而定，春、秋季可放到水深 30～50 厘米处，7～9 月份天气热、气温高、水温也高，可放到 60～80 厘米深处。

用网箱养殖泥鳅可以分为无土养鳅和有土养鳅 2 种。无土养鳅的网箱，上沿距水面和网箱底部距水底应各为 50 厘米以上。有土养鳅的网箱，水位要求稍浅，网箱上沿距水面 50 厘米，底部着泥。

## 137. 如何在有土网箱中投放水生植物?

网箱底层铺上 20 厘米厚的粪肥、泥土，先铺粪肥 10 厘米，再铺泥土 10 厘米。箱内移放水浮莲或水花生，其根须浸入水中即可，所放数量以覆盖箱内 2/3 的水面为宜。在整个生长季节，若放养的植物生长增多，要及时捞出。

## 138. 网箱养殖时何时放养鳅种？

在 2 月底、3 月初插入网箱，清整消毒后，开始购进鳅种，最好在 3 月底鳅种全部入箱。

## 139. 网箱里的鳅种放养密度如何确定？

在放养鳅种时，一定要根据设置网箱的水体肥度适当调整放养量，水肥、水活，则放养量可以增加，水瘦、滞水，则放养量可适当减少。成鳅养殖箱每平方米放体长 3～4 厘米的鳅种 600～1 000 尾，或体长 5 厘米的鳅种 300～500 尾。

## 140. 鳅种放养前应如何处理？

鳅种放养前要消毒，可采用药物浸泡法，消毒时水温差应小于 2℃。可用二氧化氯消毒，浓度为 1 克/米$^3$，也可用 3%食盐水浸泡 15 分钟。泥鳅因有相互残食的习性，故放养时规格要尽量整齐一致为宜。

## 141. 网箱养殖泥鳅时应如何投喂？

**(1)饵料种类** 在网箱里投喂的饵料种类与前文所述各养殖方式是一样的，由于网箱养殖的水体更换快，几乎不可能依靠培肥的方式来培养天然饵料生物，因此饲料一定要供应及时，最好、最可靠的还是使用配合饲料。

**(2)投饵方法** 网箱养殖泥鳅在投喂时也有一定的技术含量，并不是将饵料扔在网箱内就算完事，应在网箱内设置 1 个 2 米$^2$的食台，食台距池底 20～25 厘米，投喂时将饵料投在食台上。日投饵量为在箱泥鳅体重的4%～10%，分早、中、晚3次投喂，具体投饵量视水质、天气、摄食情况灵活掌握。水温超过30℃或低于12℃时，应适当减少投饵量或停止投饵。

## 142. 网箱养殖泥鳅的管理工作有哪些？

**(1)加强检查** 网箱养殖泥鳅的成败，很大程度上取决于管理。一定要有专人尽职尽责管理网箱。加强检查，及时发现和解决问题。日常管理工作一般应包括以下几个方面：一是网箱在安置之前，应经过仔细的检查。二是鳅种放养后要勤检查，检查时间最好是在每天傍晚和翌日早晨。方法是将网箱的四角轻轻提起，仔细察看网衣是否有破损的地方。水位变动剧烈时，如洪水期、枯水期，都要检查网箱的位置，并随时调整。每天早、中、晚各巡视1次，检查网箱的安全性能，如有破损，要及时缝补。更要观察泥鳅的动态，检查了解泥鳅的摄食情况，有无患病迹象，及时治疗，一旦发现蛇、鼠、鸟应及时驱除杀灭。保持网箱清洁，及时清除残饵使水体交换畅通。

**(2)注意防逃** 网箱养鳅在防逃方面要求特别细致，稍有粗心大意就会造成逃鳅损失。

网箱养殖泥鳅，可能导致其逃跑的原因有以下几点：一是网箱本身加工粗糙，给泥鳅创造逃跑的机会。二是网箱使用过久出现破损或新网箱本身有破损。三是网箱固定不牢导致泥鳅逃跑。四是在池塘急速加水或遇到暴风骤雨时，由于水位突然升高，泥鳅就会逃跑。五是蛇害和鼠害，尤其是老鼠会咬破网箱而导致泥鳅逃跑。因此，要针对各种具体情况，采取合理的方法来解决。

# 五、泥鳅的微流水养殖技术

## 143. 微流水养殖泥鳅时，多大面积的池塘比较合适？

面积为667～2 000米$^2$的家鱼成鱼饲养池稍加改造就可用于养殖泥鳅。一般以面积为500～1 000米$^2$的长方形鱼池比较理想。池塘面积太大既增加了均匀投饵的难度，又浪费了水资源。

## 144. 微流水养鳅池的结构有什么要求？

以砖石护坡、硬泥底质的鳅池最为理想。鳅池最好为泥底，“三合土”底质相对要差，底泥的厚度以15～25厘米为佳。水池要有进、排水设施，排水阀能排底层水，且具备调节水位的功能。

## 145. 微流水养鳅池的水深及水量有什么要求？

养鳅池要求水深0.8～1.2米。所谓微流水，并非要求一天24小时都有水流进、流出，只要日平均换水量能达到全池水量的15%～20%即可。当然，如水源充足，水量丰沛，长年有微流水入池则更好。通常生产上可以每天注水2～3小时，也可以隔几天注换水1次。此外，池塘最好能安装增氧机，以利于节水和高产。

## 146. 自然流水养殖泥鳅有什么特点？

自然流水养殖即利用江湖、山泉、水库等天然水源的自然落差，根据地形建池或采用网围、网拦等方式进行养殖。自然流水养殖不需要动力提水，水不断自流，鱼池或网围、网拦结构简单，所需配套设施很少，成本最低。

## 147. 温流水养殖泥鳅有什么特点？

利用工厂排出的废热水、温泉水，经过简单处理，如降温、增氧后再入池，用过的水一般不再重复使用，这类水源是养殖泥鳅最理想的水源。生产不受季节限制，温度可以控制，养殖周期短，产量高，目前我国许多热水充足的工厂、温泉区都在养殖。温流水养殖设施简单，管理方便，但需要有充足的温泉水或废热水。

## 148. 开放式循环水养殖泥鳅有什么特点？

即利用池塘、水库，通过动力提水，使水反复循环使用的养殖方法。因为整个流水养鱼系统与外源水相连，所以称为开放式循环水养殖。因为要动力保持水体运转，故只适合小规模生产。

## 149. 微流水养殖时，泥鳅的放养密度可以增大吗？

流水池水流充足，溶解氧丰富，放养密度可比其他养殖方式大。但放养密度有一个限度，在这个限度内，放养密度越高，产量越高；超过这个限度，就会产生相反的效果。另外，放养密度还与池塘的载鱼能力相关，即与池塘条件、苗种规格和饲养水平等因素有关。对于长年有微流水入池或有配套增氧机的池塘，放养密度可大些，一般每立方米水体可放养鳅苗 1 千克左右。池塘条件较差的，可适当降低放养量。

## 150. 微流水养殖泥鳅时，对放养规格有什么要求？

鳅种放养前要先进行大小分级处理，同一池要放养规格基本一致的泥鳅。确定放养鱼种的规格主要根据饲养到当年起捕时是否能达到商品规格而定。一般说来，规格越大，增重量也越大。从试验和生产结果看，泥鳅苗种的放养规格不应低于5厘米。

## 151. 微流水养殖泥鳅时，对苗种质量有什么要求？

第一，鳅种规格要整齐，体质健壮，没有病害，否则会造成鳅种生长速度不一致，大小差别较大，影响出池。

第二，下池前要试水，两者的温差不要超过2℃，温差过大时，要调整温差。

第三，下池前，要对鳅体进行药物浸洗消毒，杀灭体表的细菌和寄生虫，预防鳅种下池后被病害感染。

第四，搬运时的操作要轻，避免碰伤鳅体。

## 152. 微流水养殖泥鳅时，如何套养其他鱼类？

可以套养一些滤食性鱼类和植食性鱼类如鲢鱼、鳙鱼、鲂鱼等，每667米$^2$水面放10～15尾，不但可以减少饲料的浪费和溶解氧的消耗，而且可以滤食相当数量的浮游生物，对改善池塘水质，保持水质活、嫩、爽有重要作用。

## 153. 微流水养殖泥鳅时，如何设置食台？

泥鳅在不设食台的池塘饲养时，个体规格差异较大，因此成鳅池最好架设食台。食台可用竹材编制成圆形或长方形的筛框，底下铺一层聚乙烯纱窗布；也可用金属做框架，底面缝上聚乙烯纱窗布。食台的大小、周边高度及滤水性能对饵料系数的高低有直接影响，一般食台面积为0.25～0.4米$^2$、边高0.25米较合适。设置食台的个数与鳅池大小相关，一般667米$^2$左右的成鳅池至少应设6个食台。

## 154. 微流水养殖泥鳅时,如何投喂?

泥鳅的人工饵料包括小杂鱼、鱼粉、动物内脏、蚕蛹、猪血、螺蚬蚌肉等动物性饵料以及谷、米糠、豆饼、麦麸、酱糟、菜饼等植物性饵料。可将这两类饵料按照一定的配合比例,做成软团投喂。参考配方:50%小麦粉、20%豆饼粉、10%米糠粉、10%鱼粉(或蚕蛹粉)、7%血粉、3%酵母粉。日投喂次数为2~3次,具体视水温情况而定,投喂时间在早晨和傍晚。日投喂量为泥鳅体重的1.5%~3%,应做到定时、定量、定点、定质投喂。

## 155. 微流水养殖泥鳅的日常管理内容包括哪些?

第一,养殖水体应维持一定的肥度,通常以水呈浅油绿色、透明度为40厘米左右为好。培养这种水色的关键是控制水中的浮游植物群必须以绿藻为主。同时,要经常换水,保持较好的水质和较高的溶解氧。在高温季节,每月用生石灰按每立方米水体15克的用量全池泼洒1次,每15天投喂1次抗菌药饵。

第二,溶解氧若能保持在5毫克/升以上,则泥鳅食欲旺盛,生长率与饲料利用率最高;如溶解氧降低至2毫克/升,摄食量将下降,对泥鳅的生长发育极为不利。

第三,池水的pH值对泥鳅的摄食、生长、疾病流行均有显著的影响。施用生石灰调节水质时不宜大剂量泼洒,每次用量以每667米$^2$施15~20千克为宜,如达不到所需的pH值,翌日可再施1次。

第四,适当调节池水温度。初夏适当降低池塘水位有利于升温。炎夏把池水加深到1米,再把注换水时间改为下半夜或清晨,池面圈养一些水生植物等,使水温保持在适宜的范围内,以保证泥鳅的正常摄食和生长。

第五，食台及其周围的环境卫生直接影响泥鳅的摄食与病害的发生，所以每天必须清除残饵，洗刷食台并晾晒。食台周围要定期泼洒生石灰水消毒。

# 六、泥鳅的其他养殖技术

## 156. 沼肥可以养殖泥鳅吗？

沼肥包括沼渣和沼液，它含有铜、铁、镁、锰、锌等微量元素，还含有赖氨酸、蛋氨酸、烟酸和核黄素等营养成分，利用沼肥养殖泥鳅可以改善鳅池的营养条件，促进浮游生物的繁殖生长，实现泥鳅的增产增效，同时可以改善鳅池的生态环境，使水中的溶解氧增加，可以减少鱼病的发生。

## 157. 利用沼肥养殖泥鳅时，如何选址建池？

为了更有利于泥鳅的养殖，在选址建设养殖池时就要充分考虑各种因素，主要考虑选择水源有保障、排灌方便、背风向阳、靠近沼气池出料口的地方建池。为了便于管理，可将泥鳅养殖池建设在房前屋后，池的大小可因地制宜，一般面积在 10～20 米$^2$，池深应在 1.2 米，池壁用石灰或砖砌好，并用水泥抹面。建专门的进、出水口，进、出水口设置铁丝网以防泥鳅逃跑。池上方应建好荫棚，架设好诱虫灯。

## 158. 如何培育池中的水草？

可在养殖池中栽种或放养水草如水浮莲等，也可以栽种水生植物如慈姑等，丰富的水草一方面会吸引丰富的水生动物，有利于为泥鳅提供饵料；另一方面在池中投放的水草漂浮在水面，为泥鳅遮阴隐蔽，夏热时节不仅可以吸收强紫外线对泥鳅的直接照射，还可调节水温。另外，水草根系发达，不仅给泥鳅提供了良好的栖息场所，还可以净化水质，改善饲养池内的整个生态环境。一般水草覆盖面积应占水面的 2/3 左右。

## 159. 沼肥养殖泥鳅时需要清池消毒吗?

建好养殖池后，一定要对养殖池消毒后才能放养泥鳅，可用漂白粉或生石灰消毒，具体用量和方法可参考前文所述。同时，可以将建池时清除的水草和有机肥堆铺在池沼向阳岸的半水坡边，使其腐烂，用以培养水蚤。

## 160. 沼肥养殖泥鳅时如何投放鳅种?

首先要判断养殖池是安全的才能投放鳅种，可以通过测验池水的 pH 值是否降至 7 以下，或观察有无水蚤活动，或取几十条泥鳅放入池水中安装好的捆箱内试养，若泥鳅在箱内一天活动正常，即可放养。

其次是选购苗种，人工繁殖或者野生的鳅苗均可用来饲养，鳅苗应无伤、无病、体健活泼。

再次要注意放养量，一般每平方米放养 3～4 厘米长的鳅苗 30～50 尾为宜。

最后要注意以下事项：一是鳅苗放养前应放入 3%～5%食盐水中浸浴 10 分钟，以达到杀菌消毒的作用；二是放养规格不能相差太大，以免出现大吃小的现象。

## 161. 沼肥养殖泥鳅时如何投饵?

泥鳅在饲养过程中，除施沼渣、沼液培育天然浮游生物饵料外，还可适量投喂螺蛳、蚯蚓，以及豆腐渣、米糠、酒糟和幼嫩植物的茎叶等饵料。日投饵量占泥鳅总体重的比例分别是：3 月份为 1%，4～6 月份为 4%，7～8 月份为 10%，9～10 月份为 4%。投饵要坚持“四定”原则：定点，即池内搭食台，把饵料投放在食台上；定时，即每天早、晚各投饵料 1 次；定质，即池内饵料应新鲜、无腐烂发霉；定量，即以投饵后 2～3 小时吃完为宜。在饲养过程中，晚上可利用诱虫灯诱虫作为泥鳅的补充饲料。

## 162. 怎样科学补充投放沼渣、沼液？

沼渣、沼液应视水质轮流投放，从沼气池中抽出的沼液可直接使用，但放置 3 小时以上使用效果会更好。沼渣用作鱼池基肥时，可每平方米投放 250 克左右；用作追肥，需用水或沼液调制成含固体物浓度 1％的肥液再投放。一般每周投放 1 次，每次每平方米用量不超过 500 克。在具体掌握上，追肥追施的时间、用量，要根据季节、气候变化和鱼池水质灵活安排，其主要指标是水色透明度，若水色透明度大于 30 厘米便要追施，小于 20 厘米则不宜追施。每次追施应选择在晴天上午进行。

## 163. 沼肥养殖泥鳅时，为什么要特别注意防止缺氧？

利用沼液养殖泥鳅，由于是用有机肥进行养殖，因此池里的溶解氧含量会经常变化。首先要经常观察池水水质的变化，一般水质以黄绿色为宜；其次是如果发现泥鳅常常蹿出水面呼吸或向池面跳跃，说明池水过肥，水中可能有严重的缺氧现象，这时要采取措施及时补救，放掉老水，注入新水；再次是在闷热或雷雨天气，更要注意勤注新水，及时增氧，有条件的还可安装增氧机增氧，以防死鳅。

## 164. 无土养殖泥鳅可行吗？

自然水域中的泥鳅生活在有淤泥的环境中，泥土无疑给泥鳅提供了一个隐蔽的栖息空间，传统泥鳅养殖的方法或采用有土池塘、稻田养殖泥鳅，或人工营造一个淤泥环境供泥鳅栖息、生长。而无土养殖泥鳅就是人为地提供一个可供泥鳅钻入栖息的无泥土的养殖环境,促进泥鳅更好、更快地生长。经过生产实践表明,无土养殖泥鳅是可行的,而且养殖效果也不错。

## 165. 无土养殖泥鳅有哪些优点?

与传统的有土养鳅相比,无土养殖具有以下几个优点。

**(1)养殖密度高** 无土养殖泥鳅,由于采用新颖的养殖技巧,可以将同一水体开发出多层次的空间,有土养殖就好像平房,养的泥鳅有限;而无土养殖就像在同一地面上盖楼房,每层都可以养泥鳅,因此养殖密度就变大了,较有土养殖泥鳅,其养殖密度提高了4倍。

**(2)干净卫生** 在人工养殖泥鳅时,由于是高密度养殖,势必要加大饲料的投喂量。饲料目前主要以沉性饲料为主,淤泥非常脏,特别是养殖中后期淤泥非常脏,饲料常常被淤泥污染。大量剩余的饲料混在泥里,发酵后必然带来很多副作用,产生许多有毒、有害物质,影响水质,池塘的水质一旦恶化,就很难恢复了,水质的恶化也势必会引起产量下降。

而无土养殖池里是没有泥土的,即使饲料沉积在底部,也可以及时将它们捞上来,减少因饲料腐败变质而影响水质的可能性。

**(3)养殖环境得到改善** 无土养殖的池子小,投饵方便,换水也容易,不仅省水,还可以避免泥土带来的副作用,养殖环境得到大大改善。

**(4)方便捕捞** 在有土养殖时,水体空间的利用率低,泥鳅到了冬季就会钻到泥里,导致采捕时效率不高。而无土养殖时,由于没有泥土供它们钻洞,所以在捕捞时,只要用网子在池底部一兜,就很少有漏网的泥鳅了,不但方便,而且捕捞率几乎达到100%。

总之,无土养殖解决了捕捞不方便、劳动强度大、起捕率不高的问题,为大规模生产泥鳅开辟了广阔的前景。

## 166. 无土养殖泥鳅的养殖池建设有哪些要求?

养殖场地要选择交通方便、电力有保障、水质良好的地方,有温水则更佳,可以通过调节水温使泥鳅一直在最适宜的水温条件下生长。

顾名思义,无土养殖泥鳅的养殖池不可能是用土池的,只能用砖块砌成的水泥池,或将池底部铺设专用的硬质薄膜。池子一般长 5 米、宽 4 米,面积在 20 米$^2$ 左右,水深 40 厘米,可多池并排建成地下式或地上式等,但每池应有独立的进水和排水系统,以利于防病。

池四壁高 80 厘米,并用水泥抹平,壁顶用砖横砌成“T”形压口,用以防止泥鳅逃逸和水蛇进入,池壁顶下 15 厘米处安装直径 10 厘米的溢水管,呈双“T”形(溢水管、排水管的方向与排水沟应在同一边)。水泥池一边池壁顶下 10 厘米处设直径 10 厘米的进水管,另一边池底设直径 8 厘米的排水管,并安装开关 1 个。排水管处池内下挖 30 厘米深、面积为 3 米$^2$ 的长方形集鱼坑,以便泥鳅夏天避暑和捕捞方便。进水管、溢水管和排水管的管口要用纱网包好。排水沟留在两池之间,沟宽 20 厘米,沟深约 30 厘米。

## 167. 无土养鳅的水泥池使用前如何处理?

老的水泥池在使用前要进行检查,不能出现破损、漏水的现象,并用药物进行消毒后方可用于泥鳅的放养。

新建的水泥池不能直接用于泥鳅培育,必须进行脱碱处理方可使用,脱碱的方法有以下几种。一是用醋酸洗刷水泥池表面,然后注满水浸泡 3～4 天;二是将水泥池加满水后,放上一层稻草或麦秸,浸泡 1 个月左右后再使用;三是将水泥池注满水后,浸泡

3～4天，换上新水再浸泡3～4天，反复换4～5次清水即可。

## 168. 无土养殖泥鳅时需要其他介质吗？

由于养殖池中没有泥土，因此需要在池子里添加一些多孔塑料泡沫或木块、水草等非泥土介质，方便泥鳅钻入洞孔，进行栖息和隐匿。这样既可多层次立体利用水体，又便于捕捞商品鳅。常用的非泥土介质包括以下几类：细沙、多孔塑料泡沫、多孔管、多孔木块或混凝土空心砖、秸秆介质、水草介质。细沙是无土养殖泥鳅早期使用的介质，类似于泥土，但比泥土干净卫生，现在已经使用不多了。本书重点介绍其他几种非泥土介质。

## 169. 无土养殖泥鳅时如何使用多孔塑料泡沫？

这是目前运用较多的一种介质，由于来源方便，加上轻便耐用，所以使用范围较广。可选择厚度为15～20厘米的塑料泡沫，长度、大小没有特别的要求，在上面每隔5～7厘米钻数个直径为2厘米的孔洞。然后将若干个已经钻好孔的塑料泡沫重叠在一起，组成一个大的立方体，最后是将这些塑料泡沫加以固定，让它浮在水面以下，但不露出水面。

## 170. 无土养殖泥鳅时如何使用多孔管？

可以在池中放置一些多孔管或塑料管，这些管子长25厘米，孔径2厘米左右，先将10根管子扎成一排，然后垒放在池子里，可以垒放3～5层。

## 171. 无土养殖泥鳅时如何使用多孔木块或混凝土空心砖？

这类介质与多孔塑料泡沫效果差不多，同样需要在木块上钻孔供泥鳅栖息，多孔木块或混凝土块的大小、厚度、间距与多孔塑料泡沫一样，每3块板叠成一堆后铺排在水中，从底往上排，每平方米水面下放一堆。混凝土空心砖可在市场上购买，规格为39厘米×19厘米×15厘米。用时将它们呈纵列竖立排在池底，每平方米放3块。

## 172. 无土养殖泥鳅时如何使用秸秆介质？

方法是先在池底铺上一层厚约15厘米的秸秆，上面覆盖几排筒瓦并相互固定好，然后再在上面放一层秸秆和一层瓦片。

也可以直接用秸秆捆，把经选择好的没有霉烂、晾干的玉米秸、高粱秸、芝麻秆和油菜秆等秸秆，用10号铁丝扎成捆，每捆直径为40～50厘米。用钢钎或木棒在其上钻一些孔径为5～8厘米的洞，绑上沉石，将它平沉池底，每2米$^2$放一捆。

## 173. 无土养殖泥鳅时如何使用水草介质？

这是目前应用最广泛、使用效果最好的一种无土介质，在养鳅池中投放水花生、水浮莲等水草，漂浮在水面，不仅可为泥鳅提供遮阳隐蔽的地点，夏热时节吸收强紫外线对泥鳅的直接照射，为泥鳅降温防暑，而且水草根系发达，可给泥鳅提供良好的栖息场所，泥鳅躲在草根里，可以摄食嫩芽、嫩根，还可调节水温，净化水质，改善池内的生态环境。水草的覆盖面积占水面总面积的2/3左右，为泥鳅提供了一个良好的栖息场所。

湖南农学院曾谷初等研究人员曾做过泥鳅饲养池无土介质模式试验，经试验得出结论：不同的无土介质，对泥鳅的成活率和生长速度有较明显的影响，其中以水草作为介质的养殖效果最佳。因此，可以直接用水草放在水中进行泥鳅的无土养殖，特别是大规模养殖时，可使泥鳅的生产过程易于管理，易于操作，使泥鳅的生长速度和成活率都得到很大提高。

## 174. 无土养殖泥鳅时如何控制水质？

无土养殖泥鳅时，对水质的要求比较严格，这是因为由于没有底泥的自净作用，所以养殖池水完全依靠外来水质的优良供应。

由于无土养殖泥鳅整个生长时期全部在水中，要求水质肥爽清新，不得有异味、异色。夏天生长旺季，且气温较高，要经常加注新水。如果有微流水不断流入更好。

除了定期换冲水外，目前还利用某些微生物将水体或底质沉淀物中的有机物、氨氮、亚硝态氮分解吸收，转化为有益或无害物质，从而达到水质（底质）环境改良、净化的目的。这种微生物净化剂具有安全、可靠和高效率的特点。目前，这一类微生物种类很多，统称有益细菌，在养殖泥鳅时最常用的有光合细菌、芽孢杆菌、EM 原露等。

在使用这些有益菌时，应注意以下事项：一是严禁将它们与抗生素或消毒剂同时使用；二是为使水体中保持一定浓度，最好在封闭式循环水体中应用或施用后 3 天内不换水或减少换水量；三是为尽早形成生物膜，必须缩短潜伏期，故应提早使用；四是用液体保存的有益菌其本身培养液中所含氨氮较高，也应提前使用。

## 175. 无土养殖泥鳅时投喂有什么要求？

无论是无土养殖的哪种方式，都要进行科学投喂，投喂的饵料和投喂方式与常规泥鳅养殖是一样的。

## 176. 用木箱可以养殖泥鳅吗？

用木箱是可以养殖泥鳅的。在有水源而不宜造池的情况下，可用木箱养殖泥鳅，饲养半年即可收获，每箱产鳅 15～20 千克，这是日本非常流行的一种养殖泥鳅的方法，由于日本人非常爱吃泥鳅，而且日本的土地资源十分稀少，所以他们对泥鳅的这种养殖技术是非常重视的。这种养殖方式的优点是不占土地资源，不用建造水泥池和土池，但必须做好木箱，因为这是泥鳅养殖和栖息的场所。

## 177. 如何制作养殖泥鳅的木箱箱体？

制作一个规格为 1 米×1 米×1.5 米，空间容量为 1.5 米$^3$ 的木箱，长度可以根据需要扩大到 2 米，只要用起来方便即可。在制作时要注意一定将箱壁刨得非常光滑，这是因为粗糙的箱壁一方面可能会给泥鳅的逃跑带来帮助，更重要的是箱壁粗糙泥鳅在其中活动可能会擦伤皮肤，给病原菌的入侵带来便利。

在箱子一侧或相对的两侧设直径 3～4 厘米的注、排水口，并在水口安装进、排水管道，伸出箱体外面，便于注、排水。进水管距箱口 70～80 厘米，排水管距箱底 30 厘米，并在水管内口处安装 2 毫米的金属网或尼龙网，一方面可以防止泥鳅顺管逃跑，同时也可防止其他敌害生物侵入木箱。一定要在箱口加盖金属网盖，这样既可防止泥鳅逃跑，又可预防野鸟啄食泥鳅(图 3)。

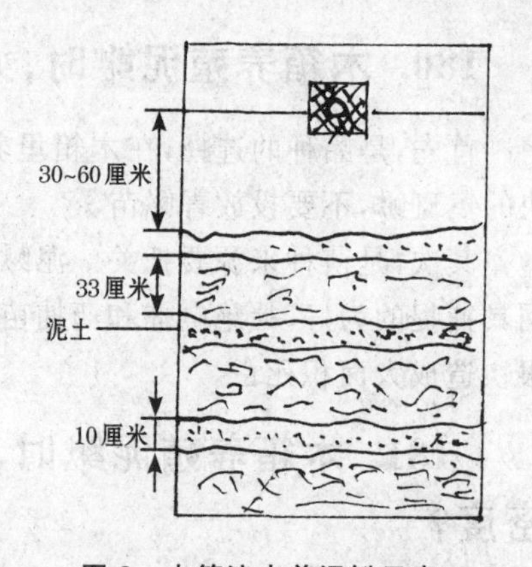


图 3　木箱流水养泥鳅示意

## 178. 如何设置木箱才能适合泥鳅的生长？

木箱做好后，仅仅是为泥鳅营造了一个家，我们还得为它继续建设一个舒适温馨的小卧室，促进它的快速生长。先在箱底填入粪肥、泥土或稻草和泥土的混合物，稻草要切成 3～5 厘米长，然后按要求进行堆放，堆积 2～3 层，最上层为泥土，确保底质的总厚度为30厘米即可，平时在养殖时，可保持箱内水深30～50厘米。

## 179. 设置木箱有什么技巧？

选择背风、向阳、水质较好、无污染和水温较高的流水处设置箱，也可以设在较大的河沟、溪流边，水温应达到15℃～20℃，这样才能保证泥鳅生长发育所需的温度条件。在放置木箱时，要将进水口正对水流，让水从进水口进入，从排水口排出；也可以让水从箱顶进入，再从两孔排出，总之要保持微流水的状态，保证箱内流水不断。放箱时可将几个木箱连成一串或一片，如果木箱比较多，连接方式可以按品字形、双排或三排来排列，进行集中养殖。

## 180. 木箱养殖泥鳅时，如何选择鳅种？

首先，是品种的选择，在木箱里养殖泥鳅时，应选择生长速度快的黄斑鳅，不要投放青鳅苗。

其次，是苗种来源要把关。泥鳅苗种的来源非常重要，以人工网具捕捉的为好，杜绝电捕和药捕苗的放养，否则投放到木箱里会很快造成大面积死亡。

## 181. 木箱养殖泥鳅时，如何确定放养规格与密度？

放养规格为6厘米的大鳅种，每箱可放养0.8～1千克，为1 000～1 500尾。如果放养规格为3～4厘米的鳅种，每箱可放养1～1.5千克，2 500～3 500尾。

值得注意的是，我们在放养泥鳅时，一定要一个木箱一个木箱地放养，同一木箱里放养的鳅种要求规格均匀整齐，大小差距不能太大，以免大鳅吃小鳅，而且来源最好是同一个地方同一批次的鳅种。具体放养量要根据木箱的供水情况、大小、透气情况以及水质条件、饲养管理水平、计划出箱规格等因素灵活掌握。

## 182. 鳅种放养前如何处理？

鳅种放养前用3%～5%的食盐水消毒，以降低水霉病的发生，浸洗时间为5～10分钟；也可用8～10毫克/升漂白粉混悬液进行鱼种消毒，当水温在10℃～15℃时，浸洗时间为20～30分钟，以杀灭鳅种体表的病原菌，增加抗病能力。

## 183. 木箱养殖泥鳅时，如何科学投喂饵料？

**(1)饵料的准备** 泥鳅为杂食性鱼类，喜食动物性饵料，因此在木箱流水养殖泥鳅时，一定要预先准备好适合的饵料。这些饵料包括鱼粉、动物内脏、猪血粉、蚕蛹粉等动物性饵料，以及米糠、豆饼、麦麸、酱糟、菜籽饼等植物性饵料。对于大规模饲养天然饵料不能满足泥鳅的需求时，需要配制颗粒饵料。这里介绍一种配合饵料的通用配方，由50%小麦粉、20%豆饼粉、10%米糠粉、10%鱼粉或蚕蛹粉、7%血粉和3%酵母粉组成，经过充分搅拌，使用颗粒饲料机制成所需的饵料。

**(2)饵料的投喂** 饵料的投喂一定要掌握以下几个要点。

一是将配合饵料加水捏成软团状，把饵料通过箱盖放入到木箱里，供泥鳅食用。

二是在刚开始投喂时，投饵量为箱内泥鳅体重的1%～2%，以后要逐渐增加。泥鳅在水温达到12℃时，就开始有摄食的欲望，这时可见木箱里的泥鳅开始游动；水温在15℃时可以开食，此时仍然要少量投喂，并及时清除残饵；随着温度升高，投饵量也逐渐增加，在水温达25℃时，投饵量可提高到箱内泥鳅体重的7%～8%；水温高于30℃或低于10℃时，应少投或停食。

三是泥鳅的食欲与水温有关，要根据季节和温度调整动、植物性饵料的比例和投喂量，水温在20℃以下时，植物性饵料应占总量的60%～70%。水温在20℃～23℃时，植物性饵料应占30%～

40%。

四是由于木箱养殖泥鳅时，为了防逃和防敌害的需要，平时箱体是盖好的，阳光也不是很强烈，满足了泥鳅喜暗的要求，因此投喂可以全天候进行。但是为了养成泥鳅定时摄食的好习惯，还是要定时投喂，一般每天投喂2次，上午7～8时投喂全天饵料量的70%，下午1～2时投喂30%。

## 184. 木箱养殖泥鳅时，如何防治鳅病？

为了减少鳅病发生而造成的损失，必须做好鳅病的防治工作。一是在放养泥鳅之前，必须对木箱及其他养殖用具进行消毒；二是在泥鳅的养殖过程上，定期用生石灰、漂白粉等定期消毒箱体；三是要保证饵料的数量和质量，不投喂变质的饵料；四是加强对鳅病的观察，发现问题及时处理。

根据木箱养殖泥鳅的经验，在木箱里可能会发生以下疾病，一定要注意加强防范。一是肠炎病，可在10千克饵料中投入20克诺氟沙星，每日投喂2次，连喂3～5天；二是赤鳍病，发病后立即用0.001%四环素药液浸洗鳅体1～2小时，或用0.002%二氧化氯溶液药浴24小时，或者用0.3%（药物占鱼体重的比例）的氟苯尼考拌入饵料中连喂5～7天；三是水霉病，可用4%食盐水浸洗病鳅5～10分钟，或用4毫克/升硫酸铜溶液浸洗20～30分钟；四是寄生虫病，可用0.7毫克/升硫酸铜和硫酸亚铁合剂（5∶2）全箱遍洒，可防治车轮虫病和舌杯虫病。

## 185. 木箱养殖泥鳅时，需要加强哪些方面的管理？

利用木箱养殖泥鳅，也要做好日常的管理工作，木箱不像池塘和水泥池养殖需要对水质进行监控，也不像网箱养殖需要及时清洗网箱，但是它也有一些管理工作一定要做到位。一是在下雨时尤其是急速的雷阵雨时，要防止箱水快速外溢，导致泥鳅逃出；二是要防止农药、化肥污染水进入箱内；三是及时检查进、出水口是否安全，防止暴雨涨水时进、排水口受阻，还要检查防逃网衣是否被渣滓堵塞；四是每隔10～15天将下层泥土搅拌1次。

## 186. 什么是泥鳅的反季节养殖？

反季节养殖泥鳅是指在秋季泥鳅大量上市、价格较低时收购体质健壮、无病无伤的泥鳅进行囤养，冬季放入塑料大棚内反季节养殖，在元旦、春节期间泥鳅价格高时出售，以赚取季节差价，可获取十分可观的收益，具有周期短、泥鳅越冬成活率高的优点。

## 187. 如何建设反季节泥鳅养殖池？

多在庭院中建水泥池进行泥鳅的反季节养殖，建池时可依各自庭院而定，养殖池可建成地下式、地上式或半地下式。温棚水源充足，东西走向，长方形，背风向阳，池壁光滑，无粗糙面。温室四周铺设增氧设施，在其中一侧配备一个净化池。单池面积以100～150米$^2$为宜，池深1.2～1.5米，水深0.8～1米。

养鳅池池中要有完善的进、排水系统，距池底30厘米处设排水口，并安装防逃设施。池中适当放一些水花生等水生植物，池上搭建荫棚遮阴，天冷后棚上盖草苫保温。

## 188. 反季节养殖泥鳅时，如何设置温棚？

按蔬菜大棚搭设方法搭建，有单层或双层结构，材料可选用竹竿，有条件者可用钢筋结构，另外需备适当草席或草帘，冬季覆盖在塑料大棚上，以利于保温。

## 189. 反季节养殖时，如何放养泥鳅？

**(1)鳅种的来源** 泥鳅苗种由周围的稻田捕获，放苗前进行筛选,同规格的泥鳅放在同一池塘中,要求鱼种无病无伤,游动活泼,体质健壮,平均规格为 360 尾/千克。

**(2)放养前的处理**

首先,对鳅池进行处理。在放养泥鳅前,事先在池底铺放肥泥,约 20 厘米厚,在放养前 10～15 天清整消毒鳅池。7 天后,加水 20～30 厘米,每平方米放入畜禽粪肥 0.3～0.5 千克,然后加水至 40～50 厘米深。数天后当水色呈黄绿色、水的透明度为 15～25 厘米时,投放泥鳅。

其次,对鳅种进行处理。放养前,用 2%～4%食盐水浸洗泥鳅 5～10 分钟,防止水霉病,消除体表寄生虫。

**(3)放养密度** 泥鳅投放密度为 1 千克/米$^2$,有条件的可以保持池内有微流水,此时放养密度可以相应增加至 1.5 千克/米$^2$。特别要注意泥鳅入池时避免水温温差过大,以免造成泥鳅感冒而引起死亡。

## 190. 反季节养殖泥鳅时,如何投喂饵料?

投放鳅种苗 3 天后开始少量投饵。泥鳅的天然饵料有轮虫、小型甲壳类、桡足类、水生昆虫、螺蛳、蚯蚓、动物内脏、藻类、米糠、豆渣等。但是在进行反季节养殖时,以投喂人工配合的浮性饵料为主(饲料的主要成分包括鱼粉、豆粕、麦麸、玉米、黏合剂、饲料添加剂等,蛋白质含量为 32%),以投喂天然水生浮游动物饵料为辅。在大棚里投喂颗粒饲料时,可进行逐步诱食,经驯化,在泥鳅能够对投饵形成条件反射时加大投饵量,投饵量逐步增加到泥鳅体重的 3%～4%。每天投饵 4 次,上午 6 时、11 时和下午 2 时、6 时,投饵量分别占日投饵量的 30%、20%、15%、35%。泥鳅在水温超过 30℃时,摄食量锐减,所以高温季节要及时注水,调节水温,以利于摄食。水温高于 30℃或低于 10℃时可不投饵料。晴天水质清爽时多喂,阴雨天少投或不投,每天还要根据天气、水温、水质和泥鳅的活动情况决定投饵量。最有效的方法是每天数次观察泥鳅摄食情况，用网布做成1米$^2$左右的食台放适量饵料，放在池底，过30分钟取出，观察摄食速度，再放回原地，1小时后再取出，看有无剩余，如有剩余适当减少，无剩余适当增加投饵量。通过这样的方式，及时调整摄食量。

## 191. 反季节养殖泥鳅时，如何管理水质？

在饲养中，应注意施肥，每隔4～5天向鳅池泼洒粪肥1次，每平方米50～100克，保持水体透明度为15～25厘米，并及时换水。鳅池每周换水2次，每次换水30厘米。若池内有微流水条件者，无须常换水，但要防止水质恶化。

对大棚里的池水还要定时充氧，使溶解氧保持在5毫克/升以上，高温季节每隔15天使用酵母菌、光合细菌等生物制剂1次，浓度为10毫克/升。

## 192. 反季节养殖泥鳅时，如何管理大棚？

冬季及早春，在晴天上午10时至下午3时，取下塑料棚上覆盖的稻草，其余时间再把稻草盖在棚上保温；夏季取下大棚塑料薄膜，在池中放些水花生等水生植物来遮阴；秋季及晚春，覆盖塑料薄膜，晚上把稻草席盖在薄膜上。

## 193. 反季节养殖泥鳅时，还有哪些其他日常管理工作？

坚持巡塘，做好记录，每隔20天对泥鳅的生长情况检查1次，根据检查结果，调节水质及饵料投喂量。对于泥鳅的疾病防治，坚持“以防为主”的原则，采取池塘消毒、水质消毒、投喂药饵等措施防治鱼病。

# 七、泥鳅的饵料

## 194. 泥鳅的饵料来源有哪几种?

泥鳅饵料的来源主要有以下几种途径。

一是使用人粪、猪粪、牛粪、羊粪等以及化肥,通过培肥水体来增加水中有机物、藻类植物和轮虫、水蚤、水蚯蚓、孑孓、草履虫等食物。

二是捕捞和采集适于泥鳅捕食的动物性活饵如小鱼、小虾、田螺、螺蛳、蚯蚓、昆虫类和蜗牛等。

三是广泛收集屠宰下脚料、农副产品加工下脚料、小杂鱼肉、豆渣、米糠、豆饼、菜粕、麦麸和幼嫩植物的茎、叶、种子等。

四是人工专门培养泥鳅喜食的活饵料,如黄粉虫、蚯蚓、蛆虫、蚕蛹等。

五是配制泥鳅专用全价饵料。

六是利用昆虫的趋光性,晚上在泥鳅池内用黑光灯诱集昆虫,供泥鳅捕食。利用昆虫对鱼腥味、糖和酒味等特殊气味的趋向性,在食台等处安置内盛糖、酒和水混合液的小盆诱集昆虫。

## 195. 泥鳅饵料按类型可分为几类?

泥鳅饵料按类型可分为两大类,即天然饵料和人工饵料。

天然饵料是指浮游植物、浮游动物、底栖动物、水生植物等江河、湖泊、水库、池塘等一切水体中天然繁殖生长的各种饵料生物。

人工饵料是通过人们劳动取得的饵料的统称,包括人工培育的活饵料、人工配合颗粒饵料、人工捞取或捕捉的饵料等。养殖户可以利用大田或池埂、池坡、零星废地种植麦类、豆类等农作物及这些农作物加工后的副产品作为泥鳅的饵料，也可专门培育或利用简易设施养殖各种活体饵料。

## 196. 泥鳅饵料按性质可分为几类？

泥鳅饵料按性质可分为三大类，即植物性饲料、动物性饲料和配合饲料。

植物性饲料主要有麦粉、玉米粉、麦麸、米糠、豆渣、叶菜类、菜饼、水草等。

动物性饲料主要有浮游动物如原生动物、枝角类、水蚤、桡足类、摇蚊幼虫、轮虫等，活体饵料如鱼粉、蚯蚓、丝蚯蚓、蚕蛹、黄粉虫、蝇蛆、螺、蚌和小鱼虾等，以及动物下脚料如猪血、猪肝、猪肺、牛肝、牛肺等。

## 197. 什么是泥鳅的配合饵料？

配合饵料就是用上述饲料作为原料，按照泥鳅不同生长期对营养的需求设计配方，然后加工成不同规格、不同类型的适口性好、饲料转化率高的颗粒饲料进行投喂，主要有粉状饲料、糖化发酵饲料、颗粒饲料、微囊颗粒浮性饲料等。

## 198. 养殖泥鳅时的人工配合饵料配方有哪些？

根据泥鳅的营养需求，确定的人工配合饵料配方如下，供泥鳅养殖户参考。

配方一：鱼粉 10%～20%、豆饼粉 20%～35%、小麦粉 15%～18%、菜饼粉 8%～15%、米糠粉 5%～8%、龙虾粉 5%～8%、鸡肠粉 2%～4%、鱼用生长素 1%～1.4%、血粉 5%～8%、蚕蛹粉 4%～7%、矿物质 0.1%～0.5%，所述的百分比为重量百分比。

配方二：鱼粉15%、豆粕20%、菜籽饼20%、四号粉30%、米糠12%、添加剂3%。

配方三：麦麸42%、豆粕20%、棉粕10%、鱼粉15%、血粉10%、酵母粉3%。

配方四：麦麸48%、豆粕20%、棉粕10%、鱼粉12%、血粉7%、酵母粉3%。

配方五：麦麸50%、豆粕20%、棉粕10%、鱼粉10%、血粉7%、酵母粉3%。

配方六：小麦粉50%、豆饼粉20%、菜饼粉（或米糠粉）10%、鱼粉（或蚕蛹粉）10%、血粉7%、酵母粉3%。

配方七：肉粉20%、白菜叶10%、豆饼粉10%、米糠50%、螺壳粉2%、蚯蚓粉8%。

配方八：血粉20%、花生饼40%、麦麸12%、大麦粉10%、豆饼15%、矿物质2%、维生素添加剂1%。

配方九：豆饼40%、菜籽饼5%、鱼粉10%、血粉5%、麦麸30%、苜蓿粉10%。

配方十：小杂鱼50%、花生饼25%、饲用酵母粉2%、麦麸10%、小麦粉13%。

## 199. 泥鳅的人工配合饵料可分为几种规格？

我们通常用来喂养泥鳅的人工配合饵料可分为3种规格，第一种是供规格为3～6厘米的鳅苗使用的，第二种是供规格为6～10厘米的中泥鳅使用的，还有一种是供规格为10～15厘米的成鳅使用的。三种规格的饲料不仅颗粒大小不同，其中蛋白质的含量也不同，鳅苗饵料的蛋白质含量要求高一些，成鳅饵料的蛋白质含量要求低一些。

## 200. 泥鳅饲料的质量要求有哪些?

泥鳅健康养殖使用的饲料,一方面要保证泥鳅在养殖过程中对营养的需求,另一方面要保证泥鳅产品的质量安全,同时要把饵料的损失和对环境的污染降至最低点。因此,我们必须根据泥鳅不同阶段的营养水平,从原料选购、配方设计、加工饲喂等环节进行严格的质量控制,选择最佳饵料配方和水溶性低的饵料,提高配制日粮的可消化率,从而生产低成本、低污染、高效益的商品泥鳅饵料。

## 201. 定时投喂泥鳅的要点是什么?

为了使泥鳅吃饱、吃好,生长迅速,饵料系数低,在泥鳅的投喂过程中一定要牢记“四定四看”原则。池塘饲养泥鳅,鳅苗在下塘后2天内不投饵料,等鳅苗适应池塘环境后再投。

待池塘中的泥鳅集群到食台上摄食后,在天气正常的情况下,每天投喂饵料的时间应相对固定,从而使泥鳅养成按时来摄食的习惯。一般每日投喂2次,上午8～9时投喂1次,下午3～4时投喂1次,在泥鳅生长的高峰季节,晚上7～8时还应投喂第三次。

## 202. 定量投喂泥鳅的要点是什么?

每天投喂的饵料量一定要做到均衡适量,防止过多或过少,以免饥饿失常,影响消化和生长,要按水温的高低以及池塘中泥鳅的摄食情况灵活掌握。当池塘水温高于30℃或低于10℃时,要相应减少日投喂量或停止投喂;在生长的高峰季节,要结合每天检查食台的情况,科学地确定每天的投喂量,其中晚上的投喂量应占到全天投喂量的50%～60%。定量投喂,对减少饵料浪费、提高饵料消化率、减少水质污染、减轻鳅病和促进泥鳅正常生长都有良好的效果。

## 203. 定质投喂泥鳅的要点是什么？

投喂的饵料要求新鲜、安全卫生、适口，在水中稳定性好，各种营养成分含量合理，不能投喂腐败变质的饵料。发霉、腐败变质的饵料不仅营养成分流失，失去投喂的意义，当池塘中泥鳅摄食后，还会引发疾病及其他不良影响。要依据泥鳅在不同水温条件下对植物性饵料和动物性饵料的需求，合理配合饵料，促进泥鳅快速生长。

## 204. 定位投喂泥鳅的要点是什么？

在泥鳅苗种刚入池的几天里，开始投喂饵料时，先是将粉状饵料沿池塘四周定时均匀投撒，逐渐将投喂的地点固定在食台周围，然后将投喂点固定在食台上，使泥鳅形成定时到食台上摄食。一般每 667 米$^2$ 池塘设面积 1～2 米$^2$ 的食台 4～6 个。一旦在食台上投喂后，就一定要记住在以后的每次投喂时，要将饵料投喂到搭设好的食台上，不能随意投放，避免浪费，避免泥鳅由于不能定时、定点找到食物而影响泥鳅的生长。

定位投喂的好处一是将饵料均匀投撒在食台上，便于泥鳅集群摄食；二是投放的饵料不会到处漂散，避免造成浪费；三是投喂的饵料均匀地撒在食台范围内，能确保泥鳅均匀摄食；四是便于检查和确定泥鳅的摄食和生长情况；五是当池塘中的泥鳅需要投喂药饵时，能使泥鳅集群均匀摄食，提高药效。

## 205. 怎样通过观察泥鳅的摄食时间来判断投喂量是否适量？

在泥鳅的饲养过程中给泥鳅投喂时，可以通过眼力观察鱼池的表面现象就能判断实际的投喂量是否合适，这需要经验和技巧。投喂后在 1.5 小时内吃完为正常；1 小时不到就吃完表明投喂量不足，还有一部分泥鳅没有吃饱，应适当增加投喂量；如延长到2小时还未吃完，而泥鳅群已离开食场，表明饱食有余，下次投喂可适量减少。

## 206. 怎样通过观察泥鳅的生长大小来判断投喂量是否适量？

4～5月份，泥鳅开食后食量逐渐增加，在1周或1旬的投喂计划中，要观察周初与周末或旬初与旬末的变化。如果投喂量不变，而到周末或旬末时，在30分钟内就吃完，表明泥鳅的体重增加了，摄食量大了，没有吃饱，要适当增加投喂量。

## 207. 怎样通过观察水面动静来判断投喂量是否适量？

吃饱后的泥鳅一般都沉到水底。投喂后如果泥鳅没有生病而在水面上频繁活动，属饥饿表现，尤其是泥鳅苗或泥鳅种在水面上成群狂游，这是严重饥饿的表现，俗称“跑马病”，要立即投喂，堵截狂游，否则会大批死亡。

## 208. 怎样通过观察水质变化来判断投喂量是否适量？

以食浮游生物为主的肥水泥鳅，可通过观察水质的肥瘦来判断是否满足其生长要求。当水质瘦时，应用施肥的办法去培养浮游生物；当水质过肥，出现恶化浮头时，则要立即换水增氧开机，必要时投放敌百虫等药物杀死浮游动物，促进泥鳅的生长。

## 209. 养殖泥鳅时培育活饵料有哪些意义？

活饵料对泥鳅的养殖是十分重要的，粗放式的泥鳅套养主要依靠天然饵料生物来进行增养殖。在池塘精养时，这些活饵料也是解决泥鳅养殖，尤其是种苗培育阶段所需饵料的一个重要来源。因此，培育活饵料对养殖泥鳅是具有重要意义的。

## 210. 为什么说活饵料是泥鳅养殖重要的蛋白质源？

据测定，细菌、螺旋藻、轮虫、桡足类、黄粉虫、蝇蛆、蚯蚓中的蛋白质含量相当高，分别为 65.5%、58.5%～71%、56.8%、59.8%、64%、54%～62%、53.5%～65%，而且各种营养成分平衡，氨基酸组分合理，含有全部的必需氨基酸，是泥鳅养殖中最主要的优质蛋白质源之一。

## 211. 活饵料中所含的营养适合泥鳅的需求吗？

如光合细菌、蚯蚓、水蚤、螺旋藻等，不但营养价值高，容易被消化吸收，而且对池塘养殖的泥鳅有促进生长发育和防病作用。

## 212. 利用活饵料驯养野生泥鳅，其养殖效果如何？

活饵料的体内均含有特殊的气味，驯养野生泥鳅的效果极佳，而且在鳅体内易消化。在池塘养殖时，常使用蚯蚓粉拌饵投喂法来驯化从野外捕捉的泥鳅，在闻到这些活饵料特有的气味后，野生泥鳅会集群抢食，效果明显。

## 213. 活饵料的适口性如何？

刚孵化出的泥鳅幼体，在卵黄囊消失、幼体开始摄食时，只能摄取几微米至十几微米大小的饵料，而如此微小的饵料颗粒，以目前的技术水平还难以大规模用人工饵料来完全取代，因此可以通过培养大小合适的生物饵料来满足幼体开口摄食的需求。例如，泥鳅鱼苗的口径在 0.22～0.29 毫米，它们适口食物的大小应在 0.16～0.43 毫米。而轮虫的个体一般在 0.16～0.23 毫米，完全符合各种鱼苗的需要；枝角类个体在 0.6～1.6 毫米、桡足类个体在 0.8～2.5 毫米，都是泥鳅鱼苗培育后期的良好活饵料。因此，我们在泥鳅苗种培育和成鳅养殖中，常采用“肥水下塘”，实际上就是利用粪便、大草等农家肥来培肥水质，培养大量的适口活饵料——轮虫、枝角类和桡足类供鱼苗食用。

## 214. 活饵料有改善池塘水质的作用吗？

饵料生物是活的生物，在水中能正常生活，优化水质。例如，单细胞藻类在水中进行光合作用，放出氧气；光合细菌和单细胞藻类都能降解水中的富营养化物质，均有改善水质的作用。

## 215. 用天然活饵养殖的泥鳅风味好吗？

在人工小池塘中用蚯蚓和水蚤喂养出来的泥鳅，体色更加有光泽，发出黄灿灿的色彩，而且其肉质细嫩、洁白，口感极佳，肥而不腻，品质比用人工饲料强化喂养的泥鳅好得多，而且没有特殊的泥土味，深受消费者的青睐。

## 216. 培养光合细菌的方式有哪几种？

光合细菌在水产养殖上具有广阔的应用前景，大量研究资料和生产实践表明，光合细菌在净化池塘水质、预防治疗疾病、强化苗种培育及作为水产动物饲料添加剂等方面的应用效果显著，受到广大水产工作者和生产单位的认同和欢迎，并得到了迅速的推广和普及。

大量培养光合细菌，目前主要采取以下两种方法，即开放式微气光照培养和封闭式厌气光照培养。这两种方法相比较，以厌气培养方式比较理想，微气培养方式虽然设备比较简单，易于大量生产，但杂菌污染程度大，培养达到的菌体密度低。

**(1)开放式微气光照培养**　采用100～200升容量的塑料桶或500升容量的卤虫孵化桶为培养容器，桶底装气石，提供微弱充气，以白炽灯作为光源，提供2 000勒左右的光照。容器、培养基消毒后按1∶1～4的比例接种，在适温下经7～10天培养达到生长高峰。

**(2)封闭式厌气光照培养**　培养容器采用无色透明的玻璃容器或塑料薄膜袋，经消毒处理，装入消毒后的培养基，按1∶1～4的比例接种。在厌气环境时，置于适宜的温度条件下，利用阳光或人工光源照射进行培养，定时进行人工搅动。一般经5～10天的培养达到生长高峰，可采收或扩养。

## 217. 光合细菌可以自行培养吗？

我们在进行泥鳅养殖时，完全可以自行培养光合细菌，来为养鳅业服务。根据多年来的生产实践表明，光合细菌的培养并不是高深的难题，只要掌握相关技术，普通养鳅户完全可以自行来培养光合细菌。

自行培养光合细菌是非常好的，一是菌种的质量得到保证，活菌数量多而且可以做到现配现用；二是养殖成本会大大地降低，据测算，购买市场上的光合细菌，每升需要6元左右，而自己培养的光合细菌，成本在1.3元/升左右。

## 218. 培养光合细菌的容器、工具如何进行消毒处理？

光合细菌大量培养时所用的培养容器多为10 000～20 000毫升的细口瓶、塑料薄膜袋或塑料水槽。这些培养容器既不宜用高压蒸汽灭菌，也不宜用高温烘箱灭菌，在生产上只能用化学物品进行消毒处理，如利用高锰酸钾溶液浸泡或次氯酸钠溶液浸洗。

## 219. 培养光合细菌时，如何配制培养基的用水？

配制培养基的用水，根据淡水种和海水种的不同而有一定的差异。如果培养的光合细菌是淡水种，菌种培养基可用自来水或井水配制；如果培养的光合细菌是海水种，则用天然海水或人工海水配制，用天然海水配制培养基，可免加钙盐（如六水氯化钙）或二水氯化钙和镁盐（如七水硫酸镁）。另外，在海水中加入磷元素时不能用磷酸氢二钾，应该用磷酸二氢钾，否则会产生大量沉淀。

## 220. 培养光合细菌时，如何配制培养基？

培养光合细菌，首先应选择一个能基本满足培养菌种生理、生态特性和营养需求，经过培养实践证明效果比较理想的培养基配方。

配制培养基的基本步骤是按培养基配方把各种成分逐一称量、溶解、混合，配成培养基，也可以把部分组分配成母液，使用比较方便。目前进行光合细菌大量培养的培养基来源主要有两种，一种是用各种营养成分的化学试剂人工配制的培养基，这种培养基的配制方法与培养菌种的培养基相同；另一种是用含大量有机物的各种废水，适当补加某些营养成分，作为培养基。用含大量有机物的废水作培养基，应先把废水的 pH 值调节至 7 左右，大量通气，使好气性异养细菌大量繁殖，将废水中的大量有机物分子分解成低分子有机物，然后煮沸消毒，再补加某些营养成分。

## 221. 培养光合细菌时，培养基如何灭菌和消毒？

菌种培养用的培养基应连同培养容器用高压蒸汽灭菌锅消毒

灭菌。小型生产性培养可把配好的培养液用普通铝锅煮沸消毒；大型生产性培养则先把培养用水经次氯酸钠处理后，再加入配方成分，充分溶解后即可。

## 222. 培养光合细菌时应如何接种菌种？

培养基配制消毒后，应立即进行接种，菌种的质量要好，应处于指数生长期。接种前应仔细镜检，菌种不能有污染，光合细菌大量培养时接种量要大，一般应达到1∶2，最好能达到1∶1，尤其是微气培养接种量应高些，即1份菌种接种于2份培养基中。接种量大，光合细菌一开始就占有绝对优势，可以抑制杂菌的生长；同时，参与繁殖的细胞数量多，增殖速度快，有利于提高产量和质量。

## 223. 在培养光合细菌的过程中为什么要进行搅拌？

为了达到高产的培养目的，必须为培养的光合细菌提供最适宜的生态环境。同时，光合细菌在增殖过程中，生态环境是在不断变化的，主要的变化是菌液的透光性变差和pH值升高，因此要调整到适宜或最适状态，这些都要通过日常管理来完成，其中搅拌就是一个非常重要的管理工作。

搅拌的作用有两个，一是使光合细菌在培养基中分布均匀，二是使光合细菌经常变换位置，尤其是帮助沉淀的光合细菌上浮，接受光照，从而使每个细菌受光相对均匀，保持细菌良好的生长状态。因此，搅拌是光合细菌培养中不可忽视的一项管理措施。

## 224. 在培养光合细菌的过程中，搅拌有哪几种方法？

实施搅拌主要有以下4种方法。

第一种方法是人工摇动培养容器使细菌上浮，这种方法仅适用于三角烧瓶和细口瓶等小型培养容器。搅拌时以液面微起波纹而无漩涡为适度，每天定时摇动 3～4 次。

第二种方法是用磁力搅拌器搅拌，将三角烧瓶和细口瓶等玻璃培养容器放于磁力搅拌器上，启动磁力搅拌器，带动培养容器内的磁力搅拌棒工作，起到搅拌的作用。

第三种方法是用机械搅拌器搅拌或使用小水泵使水缓慢循环运转，保持菌体悬浮。

第四种方法是充气搅拌，由于充气搅拌会使培养基中的溶解氧大量增加，抑制光合细菌的生长，因此要采取连续充气的方法，并且要严格控制充气量，使菌液中的溶解氧含量低于 1 毫升/升，充气量一般控制在 1～1.5 升/小时。

前两种方法适用于小型培养容器，后两种方法适合于大型培养容器。

## 225. 培养光合细菌时如何调节温度？

光合细菌对温度的适应范围很广，一般在 20℃～39℃的范围之内，均能正常生长繁殖。所以，大量培养光合细菌时不一定要求恒温，如果一天中的温度变化在适温范围内，可以在常温下进行培育。但在日常管理中也要注意温度问题，并做适当的调节。如果温度偏低，可以把培养容器放在箱子里，利用白炽灯散发的热量来提高箱内温度，并根据需要，通过调整箱子的密封程度来达到调节温度的目的；如果温度过高，可开窗通风或用电风扇降温。对于经常培养的淡水用菌种沼泽红假单胞菌，最适温度为 28℃～32℃。

## 226. 培养光合细菌时如何调节 pH 值？

随着光合细菌的增殖，菌液的 pH 值不断上升，这是光合细菌大量增殖的结果，也是光合细菌生长繁殖正常的标志。但是 pH 值上升到一定高度超越最适范围甚至超越生长的适宜范围时，说明生长已到顶峰，光合细菌随即增殖缓慢或不再增殖。因此，菌液的 pH 值升高是限制光合细菌增殖的一个主要因素。调节的方法是通过加酸的办法来降低菌液的酸碱度，常用酸主要是醋酸、乳酸和盐酸，最常用的是醋酸，也可通过采收或再接种扩大培养的措施调节 pH 值。

## 227. 培养光合细菌时如何调节光照强度？

培养光合细菌需要连续进行照明，白天应尽量利用自然光，以节约能源，夜间则需人工光源照明或完全用人工光源培养。人工光源可以用白炽灯泡，对于大量培养时，用碘钨灯更经济，白天自然光照不足时也要用人工光源进行及时补充。

在光合细菌大量培养时，由于培养容器大，光通过菌液衰减比较严重，菌液表层和深层的光照强度相差可能较大，故应适当增加光照强度，可以增加到 2 000～5 000 勒；如果厌氧条件控制得好，光合细菌生长繁殖快、密度高，光照强度还可以提高至 5 000～10 000 勒。增加光照度后，要适当增加搅拌次数。调节光照强度可以通过调节培养容器与光源的距离或使用可控电源箱来调节。

## 228. 什么时候收获光合细菌最合适？

光合细菌的生长曲线呈“S”形，即增殖最快的是指数生长期，同时在指数生长期其质量也是最好。指数生长期之后，虽然数量还在缓慢增长，但质量已明显下降，因此最好选择在指数生长期之末收获光合细菌。

## 229. 不同的光合细菌其效用一样吗？

应该说，不同的光合细菌，它们的效用是不一样的。目前应用的光合细菌大多是属于红螺菌科的红假单胞菌属，常用的有 3～5 种。不同菌种的特点和效用是有差异的，如沼泽红假单胞菌净化水质的效果比较理想，球形红假单胞菌细胞个体较大、生长迅速、生物量较高，适用于作为饲料添加剂，而荚膜红假单胞菌防病治病的作用较强。用户应根据自己的需要选择不同的菌种。若需多方面应用时，宜选用沼泽红假单胞菌为主，辅以荚膜红假单胞菌和球形红假单胞菌的混合菌种。

## 230. 各生产厂家生产的光合细菌质量相同吗？

目前市售的光合细菌产品大多数为菌体的培养液而非浓缩或干制产品。菌液中的有效成分是菌体细胞，而且菌液中含有的一些成分如污染的杂菌、残留的培养基成分（主要是铵盐和有机物）及光合细菌产生的一些代谢产物等，对水产动物的生长有一定的负面作用。所以，用户在使用时一定要选择菌体密度大（30 亿个/毫升以上）、纯度高、活力强，采用人工照明封闭式培养生产的产品。当然养殖户如果是自行培养，其效果是最佳的。

## 231. 光合细菌用于鳅池净化水质时，如何使用？

光合细菌作为养殖水质净化剂，目前国内外均已进入生产性应用阶段。在日本、东南亚各国和我国的养虾池和养鱼池、养鳝池、养鳅池均已比较普遍地投放光合细菌作为改善水质的净化剂。一般是将光合细菌与 20 倍左右的水混合后全池泼洒，并在投饵区等重污染区域加大使用量和使用次数。由于光合细菌是靠其在生长繁殖过程中利用有机物、铵盐等来净化水质的，只有当菌体数量达到一定规模时，净化效果才比较明显。因此，光合细菌对水质的净化过程需要较长的时间，不像化学药剂来得那么快。在实际应用时，应在苗种入池前 1～2 周或高温期到来前 1～2 个月开始施用，并在高温期每隔半个月左右追施 1 次。结果证明，光合细菌能降低池水有害物质含量，使氨氮含量平均降低0.4毫克/升，并能增加池水的溶解氧含量，平均增加1.2毫克/升，对改善池塘生态环境有明显效果。

## 232. 光合细菌用于防治泥鳅疾病时，如何使用？

光合细菌对泥鳅的传染性疾病尤其是细菌性和真菌性疾病的防治效果较好。使用方法与净化水质相似，采用全池泼洒的方式。一旦出现病情，可将患病个体捞出，用稀释10倍的菌液浸浴10～20分钟，可收到很好的效果。

## 233. 光合细菌用于泥鳅苗种培育时，如何使用？

光合细菌在育苗生产中应用，一般对促进幼体生长和提高成活率有较明显的效果，从而可提高产量。其主要作用有两方面，一是净化水质，改善幼体的环境条件；二是作为饵料被幼体摄食。根据培养对象的不同，光合细菌可能只有一个方面的作用，也可能二者兼而有之。在实际应用菌藻混合液来培养卤虫、轮虫和枝角类的过程中，最突出的优点是能大量节省藻类，同时使用也十分方便。光合细菌在育苗中的使用方法是从幼体破膜开始直至出苗的整个育苗期间都可施用光合细菌。一般是每天换水后分早、晚两次投喂，可将光合细菌经过适当稀释后全池泼洒，或与豆浆、蛋黄等代用饵料混合投喂。

## 234. 光合细菌作为泥鳅饲料添加剂时，如何使用？

一般是将经过稀释的光合细菌均匀喷洒在配合饲料或鲜活饵料上，立即投喂或阴干后备用。硬颗粒配合饲料在加工过程中不宜加入光合细菌，以免加工过程中的高温破坏菌体的有效成分。

## 235. 光合细菌的使用量如何确定？

使用量也是光合细菌应用中的一个关键问题。用量太少则效果不明显，用量太多除增加用户的经济负担外，在苗种培育过程中还会出现负面作用。故确定使用量的原则是在保证效果的前提下越少越好，常用的量为：①净化水质。第一次施用时用量为每立方米水体10～15毫升，追施时为5～10毫升。②作为饲料添加剂。用量为1%～2%。③苗种培育过程中的使用量为每日每立方米水体100～150毫升，分早、晚2次投喂。

值得注意的是，光合细菌的优点很多，但它只有在适宜的温度及阳光下繁殖生长，方可发挥其优良的功效，因此一方面要保证菌液的质量浓度在2.1亿个/毫升以上，另一方面还应避免在阴雨天或水温较低的情况下使用。

## 236. 培养枝角类养殖泥鳅有什么优点？

枝角类又称水蚤，是鱼虫的代表种类，隶属于节肢动物门、甲壳纲、枝角目，是一种小型的甲壳动物，也是淡水水体中最重要的浮游生物组成，含有泥鳅营养所必需的重要氨基酸，而且维生素及钙质也颇为丰富，是饲养泥鳅幼体的理想饲料，尤其是刚繁殖后进入池塘培育时的优质开口饵料之一。

## 237. 枝角类需要哪些培养条件？

枝角类的培养对象应选择生态耐性广、繁殖力强、体型较大的种类，如蚤状蚤、隆线蚤、长刺蚤及裸腹蚤均适于人工培养。人工培养的蚤种来源十分广泛，一般水温达18℃以上时，一些富营养水体中经常有枝角类大量繁殖，凌晨黎明前可用浮游动物网采集。在室外水温低、尚无枝角类大量繁殖的情况下，可采取往年枝角类大量繁殖过的池塘淤泥，其中的休眠卵（即冬卵）经过一段时间的滞育期后，在室内获得或恢复适当的有繁殖条件后，也可获得蚤种。

枝角类在水温为16℃～18℃时才大量出现并迅速繁殖，培养时水温以18℃～28℃为宜。大多数枝角类在pH值6.5～8.5均可生活，最适pH值7.5～8。枝角类对环境溶解氧变化有较大的适应性，在培养时，池水溶解氧饱和度以80%～120%最为适宜，有机耗氧量控制在20毫克/升左右。枝角类对钙的适应性较强，但过量镁离子对其生殖有抑制作用。人工培养的蚤类均为滤食性种类，其食物主要是单细胞藻类、酵母、细菌及腐屑等。

## 238. 如何采集枝角类的休眠卵？

枝角类的休眠卵大多沉于水底。据报道，鸟喙尖头蚤的休眠卵在海底从表层至2厘米深的海泥处，分布数量占总数量的60%～100%，而6厘米以外的海泥中未确认有休眠卵存在。因此，采集休眠卵，应从底泥表层至5～6厘米深处采集。方法是用采泥器采集底泥，将采集的底泥用0.1毫米的绢筛过滤，滤除泥沙等大颗粒和杂质，然后放入饱和食盐水中，休眠卵即浮到表层，将其捞出即可。

## 239. 如何分离枝角类的休眠卵？

用前述方法采集到的休眠卵，可能混有底栖硅藻，给以后的计数操作带来麻烦，因此需要对休眠卵进行及时分离。为了解决这一问题，可以用蔗糖水代替盐水处理。方法是：用0.1毫米绢筛过滤后的休眠卵放入50%蔗糖溶液中，用3 000转/分的离心机离心5分钟，卵即浮到溶液表层。这样分离的休眠卵，不仅干净（底栖硅藻全部沉降），而且回收率高，一次分离回收率即可达90%，两次分离即可全部回收。

## 240. 如何保存枝角类的休眠卵？

休眠卵的保存温度与孵化率有很大关系。保存温度越高，孵化率越低。实验还表明，在底泥中保存的休眠卵比在海水中保存的休眠卵孵化率高。此外，还可以用干燥、冷藏、冷冻等方法保存枝角类的休眠卵。

## 241. 如何孵化枝角类的休眠卵？

枝角类休眠卵的孵化受生态环境因子的影响较大，其中盐度是影响孵化率的重要因子。不同的枝角类，即使同是海水种，其休眠卵孵化对盐度的要求也不同。据对鸟喙尖头溞的孵化实验表明，盐度为25.5‰孵化率最高。僧帽溞属和圆囊溞属的休眠卵在盐度为19.2‰时孵化率最高。水温对枝角类休眠卵的孵化率也有很大影响。鸟喙尖头溞的休眠卵在18℃时孵化率最高。僧帽溞属和圆囊溞属的休眠卵在水温为15℃时孵化率最高。光照强度对休眠卵的孵化率也有一定影响。枝角类孵化率最高的光照强度一般在1 000～2 000勒。在最适生态环境中孵化，休眠卵在3～5天内开始孵化，在3周内几乎全部孵化。

## 242. 如何用绿藻或酵母培养枝角类？

培养容器主要是烧杯、塑料桶及玻璃缸。利用绿藻培养时，可在装有清水的容器中，注入培养好的绿藻，使水由清淡变为淡绿色时，即可引种。利用绿藻培养枝角类效果较好，但水中藻类密度不宜过高，一般小球藻密度控制在200万个/毫升左右，而栅藻控制在45万个/毫升左右即可满足需要，密度过高，反而不利于枝角类摄食。利用酵母培养枝角类时，应保证酵母质量，投喂量以当天吃完为宜，酵母过量极易腐败水质。此外，酵母培养的枝角类，其营养成分缺乏不饱和脂肪酸，应在捞取枝角类投喂鱼、虾、蟹幼体前，最好用绿藻进行第二次强化培育，以弥补全用酵母培养的缺点，确保饵料质量和营养全面。

## 243. 如何用肥土来培养枝角类？

培养器具主要有鱼盆、花盆及玻璃缸。如果用直径为85厘米的养鱼盆，先在盆底铺一层厚6～7厘米的肥土，注入自来水约八成满，再把培养盆放在温度适宜且有光照的地方，使细菌、藻类大量滋生繁殖，然后引入枝角类2～3克作为种源，经数日即可繁殖后代，其产量视水温和营养条件而有高有低，当水温为16℃～19℃时，经5～6天即可捞取枝角类10～15克；当水温低于15℃时，繁殖极慢。培养过程中，培养液肥力下降时，可用豆浆、淘米水、尿肥等进行适时追肥。

## 244. 如何用粪肥加稻草的方法来培养枝角类？

用玻璃缸、鱼盆等作为培养器皿，在室内进行培养，这样受天气变化的影响较小，培养条件易控制。培养时，先将清水注入培养缸内，然后按每升水加牛粪15克、稻草及其他无毒植物茎叶2克、肥沃土壤20克的比例加入培养缸内，粪土可以直接加入，稻草则需先切碎，加水煮沸，再冷却后放入。肥料加入后，用棒搅拌均匀，静置2天后即可引种，每升水接种枝角类10～20个，以后每隔5～6天施追肥1次，追肥比例同上，使用时宜先用水浸泡，然后取其肥液追施，继续培养，数天后枝角类就开始繁殖，随取随用，效果较好。

## 245. 如何用老水来培养枝角类？

用玻璃缸、鱼盆等作为培养器皿。再用鱼池内换出来的老水，取其澄清液作为培养液，因为这种水体中含有多种藻类，都是枝角类的良好食料，所以培育效果很好，但水中的藻类也不能太多，多了反而不利于枝角类的取食。

## 246. 如何用堆肥来培养枝角类？

以混合堆肥为主，土池或水泥池都可以，面积大小视需要量而定，但一般大于10米$^2$，池子的深度要达1米左右，注水70～80厘米深，加入预先用青草、人畜粪堆积并充分发酵的腐熟肥料，按每667米$^2$水面用500千克的数量施肥，并加生石灰70千克，有利于菌类和单细胞藻类大量滋生繁殖。7～10天后，每立方米水体接种枝角类20～40克作为种源，接种后每隔2～3天便追肥1次，经5～10天培养，待见到大量枝角类繁殖，即可捕捞。捞取枝角类成虫后应及时加注新水，同时再追肥1次，如此便可继续培养、陆续捕捞。只要水中溶解氧充足、pH值5～8、有机耗氧量在20毫克/升左右、水温适宜时，枝角类的繁殖很快，产量也很高。

## 247. 如何用粪肥来培养枝角类？

以粪肥为主的培养方法，既可以使用土池，也可以使用水泥池。池子的大小以10～30米$^2$为宜，水深1米，先向池中注入约50厘米深的水，然后施肥，一般每立方米水体投粪肥（人、畜粪均可）1 500克、肥沃土壤1 500～2 000克作为基肥，以后每隔7～8天追肥1次，每次施粪肥750克。加肥沃土的目的是因为它有调节肥力和补充微量元素的作用。

若用土池培养时，施肥量则应相对增加，每立方米水体可施粪肥4 000克、稻草1 500克（麦秸或其他无毒植物茎叶亦可）作基肥。施肥后应捞去水面渣屑，将池水暴晒2～3天后即可接种。每立方米水体以接种30～50克枝角类为宜，接种7～10天后，枝角类大量繁殖。通常根据水色酌情施加追肥，若池中水色过清，则要多施追肥；水色为深褐色或黑褐色时，应少追肥或不追肥，一般池水以保持黄褐色为宜。

## 248. 如何用无机混合肥来培养枝角类?

主要是用酵母和无机肥混合培养,适用于水泥池和土池,面积可大可小,施肥量以每立方米水体施放酵母 20 克(先在桶内泡 3～4 小时)硫酸铵 37.5 克作为基肥。以后每隔 5 天施追肥 1 次,酵母和无机肥数量各减半施加。施基肥后,将池水暴晒 2～3 天,捞去水面漂浮物(污物),然后引种。引种数量以每立方米水体 30～50 克为宜,引种后及时追肥。经 7～10 天后,枝角类大量繁殖时即可捞取,以后每隔 1～2 天,可捞取 10%～20%。当捞过数次以后,如果池中枝角类数量不多时,可及时添水加追肥,继续培养。

## 249. 如何实现工厂化培养枝角类?

主要培养枝角类的种类为繁殖快、适应性强的多刺裸腹蚤,这在国外育苗工艺中最为常见。该蚤也是我国各地的常见品种,以酵母、单细胞绿藻进行培养时,均可获得较高产量。在室内工厂化培养时,采用培养槽或生产鱼苗用的孵化槽均可。培养槽容量从几米$^3$ 至几十米$^3$ 不等,可用塑料槽,也可用水泥槽,一般规格为 3 米×5 米×1 米。槽内应配备良好的通气、控温及水交换装置。为防止其他敌害生物繁殖,可利用多刺裸腹蚤耐盐性强的特点,使用粗盐将槽内培养用水的盐度调节至 1%～2%,其他生态条件控制在最适范围之内,即水温为 22℃～28℃、pH 值为 8～10、溶氧量≥5毫克/升,枝角类接种量为每立方米水体接种 500～1 000 个。如果用面包酵母作为饵料,应将冷藏的酵母用温水溶化,配成 10%～20%的溶液后向培养槽内泼洒,每天投喂 1～3 次,投喂量约为枝角类湿重的 50%,一般以在 24 小时内吃完为宜。如果用酵母和小球藻(或扁胞藻)混合投喂,则可适当减少酵母的投喂量。接种 2 周后，槽内枝角类数量便达高峰，出现群体在水面卷起漩涡的现象，此时可每天采收。如果生产顺利，采收时间可持续 20～30 天。

## 250. 工厂化培养枝角类时如何管理？

枝角类在培养过程中，一定要加强对它的培养管理，才能取得更好的效果，这些管理措施包括以下几个方面，不可掉以轻心。

**(1)充气** 枝角类的培养过程中，微量充气或不充气。但种群密度大时，必须充气。

**(2)调节水质** 培养枝角类水体的水质指标，主要有溶解氧量、生物耗氧量、氨氮量、酸碱度等。溶解氧过高或过低都会影响生长，生物耗氧量在 38.35～55.43 毫克($O_2$)/升范围，最适宜于大型蚤的大量培养。大型蚤喜欢碱性水体，在 pH 值 8.7～9 最为适宜，在 pH 值为 6 时亦不致阻碍其生长繁殖，在低 pH 值的水环境中，枝角类往往会发生有性生殖。水质的调节可以通过加入新水或控制施肥量来解决。

**(3)控制密度** 培养枝角类的种群密度不宜太大，否则生殖率降低，死亡率增高。但是种群密度太小也同样不利于枝角类的生长。枝角类只有在适宜的种群密度时，生长量和生殖量才能达到最高限。

控制枝角类的种群密度，一方面必须提供适宜的培养生态条件，另一方面对种群密度进行调整，如种群密度过小时，可增加接种量或浓缩培养水体；如种群密度过大时，可扩大培养水体或采用换水的办法稀释水体中的有毒物质。

**(4)适时追肥** 培养水体中需要定期追施肥料，以保持枝角类饵料的数量。追肥量可以在施基肥的基础上减半，另外要根据枝角类的数量来调节。

## 251. 泥鳅喜欢吃摇蚊幼虫吗?

摇蚊的形态与普通蚊子相似,但翅无鳞片,足也较大,静止时前足一般向前伸长,并不停地摇动,故名摇蚊。摇蚊幼虫是全世界公认最优良的热带鱼活饵料,当然也是泥鳅养殖中最受欢迎的饵料之一,是泥鳅仔鱼、稚鱼、幼鱼期均喜食的动物性饵料。

## 252. 如何简易培养摇蚊幼虫?

自然采捕摇蚊幼虫,生产力低,消耗人工多,筛选复杂,供不应求,很难形成规模生产,经济效益也较差。因此,渔民开始转向人工养殖,造田育虫。造田的步骤为:干田、晒田、石灰、堆肥、灌水、放虫种。摇蚊幼虫的成虫是“蚊虫”,不吃东西,但幼虫则要从水中及软泥中吸收营养,如果在水田放进充足的有机肥料(最有效的为鸡粪),培养出来的摇蚊幼虫特别鲜红幼嫩、生命力强。

一般水深 20～30 厘米就够,每 667 米$^2$ 每月平均收成量为 200 千克。用 40 000 米$^2$ 左右的水田生产作为 1 个单元,每天可供应不少于 150～300 千克摇蚊幼虫。

每块虫田生产若干周期后,就要清田 1 次,因为水质太肥易滋生各种小生物,与摇蚊幼虫争夺营养,甚至以摇蚊幼虫作食物,令其产量大减,于是唯有放水清田,杀虫消毒,从头做起。

## 253. 如何人工采集摇蚊幼虫的虫卵?

用专用的人工采卵箱完成,人工采卵箱的大小,摇蚊的生物密度与性别比例,适宜的温度、湿度、照明和成虫的饵料等都是在人工采卵时必须考虑的条件。

**(1)采卵箱** 采卵箱的大小为 1 米×1 米×2 米,用 4～5 厘米的方杉木做箱架,外面挂有防蚊用的昆虫网,其上覆盖透明塑料布,以便保持箱内的湿度和便于从外面进行观察。

**(2)摇蚊的个体密度与性比例** 采集摇蚊成虫或幼虫置入采卵箱，其个体密度是影响受精率的主要因素之一，在密度为2 000个/米$^3$以上时，可获得80%以上的受精率，随着密度的增加，受精率也增加，当达到4 000个/米$^3$时，受精率达到90%。性比是生物学的重要条件之一，雌雄同数量，或雄性稍多于雌性是最适条件。所以，在采卵过程中要补充雄性个体。

**(3)温度** 最适温度范围为23℃～25℃，当低于20℃或高于28℃时，受精率骤降。低温时可以通过人工加温来解决，一般是在采卵箱内放置2个40瓦的灯泡散热，并用定温继电器控制。

**(4)湿度** 湿度是交尾的必要条件，湿度在90%以上可得到80%～85%的受精率，湿度低于80%，受精率下降至20%以下。调节湿度可通过采卵箱中的喷水器控制，并在箱外覆盖塑料布以防止水分蒸发。

**(5)照明** 科研结果表明，间歇照明的最佳条件是在24小时中4次断续照明，每次为5.5小时的照明，每次照明时间达到后，关灯30分钟，此时的受精率在80%以上。在照明时开始产卵，照明2小时内产出的卵数为总产卵数的60%。

**(6)饵料** 饵料置于采卵箱中的脸盆或喷洒在悬挂于采卵箱中的布幕上。成虫饵料为2%的蔗糖、2%的蜂蜜或两者混合液，都能获得较高受精率。

用以上采卵箱的条件，受精卵块持续的天数为12～15天，1天最高能得到400～750个卵块(平均100～120个)。假设1个卵块中的卵粒数平均为500个，则每天能采集10万个个体，2周后可得到140万个体，约合7千克幼虫。

## 254. 如何配制培养摇蚊幼虫的琼脂培养基？

将琼脂溶解于热水中，配成0.8%的琼脂溶液，冷却至50℃以后再加入牛奶。根据牛奶的添加量，增减添加的蒸馏水，使琼脂浓度最后调整为0.75%，然后将25毫升培养基溶液倒入直径为90毫米的玻璃皿中冷却，使琼脂凝固，在其上加10毫升蒸馏水。

## 255. 如何配制培养摇蚊幼虫的黏土牛奶培养基?

取适量烧瓦用的黏土，加入10倍的蒸馏水，在大型研钵中研碎，使之成为分散的胶体状，除去沙质后，用118千帕的高压灭菌器灭菌30分钟，冷却后取一定量，加入牛奶，则迅速开始凝集，黏土粒子和牛奶一起形成块状沉淀，即成为幼虫的培养基。

## 256. 如何配制培养摇蚊幼虫的黏土植物叶培养基?

取杂草、桑叶或海产的大叶藻，加适量海沙和水，将植物叶片在研钵中磨碎，用50目绢筛网过滤挤出植物碎液，静置后取出植物碎液中的细沙。然后在黏土溶液中加入适量氯化钙，再加入植物碎液，则与牛奶一样发生凝集，直至上清液不着色、不浑浊时，等待10～20分钟后倾去上清液，加入蒸馏水进行振荡，再静置10～20分钟后，除去上清液，如此反复2～3次之后，将沉淀部分适当稀释便可作为培养基。

## 257. 如何配制培养摇蚊幼虫的下水沟泥培养基?

从下水沟或养鱼塘采集鲜泥土，去掉其中的大块垃圾，加入等量的自来水搅拌，静置30分钟后倒掉上清液，这样反复进行1～2次，除去下水沟泥的悬浮物。用高压锅高压灭菌30分钟，冷却之后倾去上澄液，加入适量蒸馏水即可作为培养基。

## 258. 培养摇蚊幼虫时如何接种？

用人工采卵和人工培养基饲育的摇蚊幼虫，经 60 目筛网选出体长 3～4 毫米的幼虫于盆中，1～2 天加入蒸馏水，再移入筛网用蒸馏水冲洗干净之后，把水分沥干，将幼虫接种在培养基上。

## 259. 如何用静水培养摇蚊幼虫？

上述 4 种培养基的共同特点是均为两相培养基，即培养基底是固体物质的黏土、牛奶、植物碎叶或下水沟泥的沉淀物，培养基的上部是水基蒸馏水。用直径 90 毫米的培养皿盛装培养基时，把大于 3 毫米的摇蚊幼虫接种于器皿中培养，这就是静水培养。这种静水培养可一直培养到蛹化前即可采收，它具有操作容易的优点，但是这种培养法由于得不到充足的氧气保证，培养基容易变质，产量远不如流水培养法。

## 260. 如何用流水培养摇蚊幼虫？

取 33 厘米×37 厘米×7 厘米的塑料容器或直径为 45 厘米的圆盆，在其底部放入厚度为 10 毫米的沙层，再在上面铺上黏土牛奶培养基，每 3 天添加 1 次，从一端注入微流水，另一端排出，再用孵化后 24 小时的幼虫进行流水培养。流水可以起到排污和增加氧气的目的，培养效果比静水培养好。

## 261. 体长小于 3 毫米的摇蚊幼虫如何培养？

体长小于 3 毫米的幼虫的口器发育尚未完成，对各种外界环境的抵抗力弱，更不可能抵抗 0.1 米/秒的流水速度，因此需要用另一种培养方法。这种方法是：在 500 毫升的三角烧瓶中，注入半瓶水，加进 50 毫升的培养基，将要孵化的卵块放入烧瓶里，用气泡石通气，每分钟通入 800～1 000 厘米$^3$ 的气体，温度以 23℃～25℃

为宜，这种条件下，卵块会顺利孵化，4 天后体长可以达到 3 毫米，然后转入流水培养中继续培养。

## 262. 环境条件对摇蚊幼虫培养产量有什么影响？

**(1)温度** 生长最适的温度为 20℃～25℃，其中 20℃是生长最快的温度。

**(2)pH 值** pH 值为 7～8 时，生长最好，收获率和生产量最佳。

**(3)溶解氧** 溶解氧大于 4 毫克/升时，溶解氧含量越高，越能促进生长。

**(4)饵料** 在琼脂牛奶培养基中发现，当个体密度一定时，培养的生产量与牛奶的添加量呈正相关。

## 263. 蚯蚓能喂养泥鳅吗？

蚯蚓又称地龙、蛐蟮，隶属于环节动物门、寡毛纲、后孔寡毛目，是一种在陆地上生活的无脊椎动物，也是一种富含蛋白质的高级动物性饲料，是目前解决特种水产品养殖所需蛋白质饵料的一条有效途径。从营养价值看，用蚯蚓替代进口鱼粉是完全有可能的。在养殖泥鳅的饲料中掺入鲜蚯蚓（一般掺入量为 5%左右为宜），其体液被配合饲料吸收，可提高饲料的适口性及饲料效率。用蚯蚓喂养泥鳅，泥鳅产卵率高、成活率高、发病率低、生长速度快、肉质好。

## 264. 如何选择饲养蚯蚓的场所？

蚯蚓喜温、喜湿、喜安静，怕光、怕震动、怕盐、怕高温严寒，属于腐食性动物，喜欢栖息在温暖、潮湿、通风、富含大量有机质的土壤里，难以在一般耕地、红壤中见到。适宜生存温度为 5℃～

35℃，最适温度为18℃～25℃，32℃以上时停止生长，35℃以上时聚集成团，最终窒息死亡，10℃以下时活动迟钝，5℃以下时处于休眠状态。蚓床基料适宜水分含量为30%～50%。蚯蚓生长繁殖的环境以中性、弱酸性或微碱性为宜，最适pH值为7.4～7.6。因此，蚯蚓的饲养场所应选择在排水方便、通风性能好、遮阴避雨、避免阳光直射、温度较低、湿度适宜、环境安静、无煤烟和无农药污染的地方，同时应防止鼠、蛇、蛙、蚂蚁等天敌危害。

## 265. 蚯蚓的饲养方法有哪几种？

蚯蚓的饲养场所分室内和室外两种。室内饲养具有占地面积少、管理方便简单、蚯蚓产量高等优点，是目前主要的饲养方法，根据饲养方式及饲养规模，大体可分为多层式箱养、盆养、工厂化养殖等多种。饲养方法可分为土法养殖和工厂化养殖两种。目前土法养殖是利用缸、盆、箱、筐、土坑、饲料地、桑园等处直接散养；工厂化养殖有棚式、水泥池养殖几种，室内工厂化养殖适宜养殖赤子爱胜蚓，室温控制在15℃以上时，可全年连续生产。

## 266. 如何利用饲料地、果园、桑园饲养蚯蚓？

饲料地土壤松软，土质较肥，有利于蚯蚓取食和活动。在行距间开挖浅沟并投入蚯蚓培育饲料，然后将蚯蚓放入，便于蚯蚓穴居。每平方米投放大平二号蚯蚓2 000条左右。在菜畦上放养蚯蚓，盛夏季节蔬菜新鲜茂盛，叶宽茎大，其宽大叶面可为蚯蚓遮阴避雨，可有效地防止阳光直射和水分过度蒸发，平时蚯蚓可食枯黄落叶，遇到大雨冲击时可爬入植物根部避雨。桑园、果园饲养与菜畦相似，但需注意经常浇水，防止蚯蚓体表干燥，同时也要防止蚯蚓成群逃跑。这种饲养方法成本低、效果显著、便于推广。

## 267. 如何利用杂地饲养蚯蚓?

利用庭院空地、岸边、河沟的隙地及其他荒芜杂地,在四周挖好排水沟,将杂地翻成1米宽左右的田块,定点放置发酵后的腐熟饵料,放入蚓种饲养,在较长时间内可以保证自繁自养。夏季搭凉棚或用草苫带水覆盖,防止泥土水分过度蒸发干硬,亦可种植丝瓜、扁豆等藤叶茂盛的蔬菜,为蚯蚓遮阴挡雨,同时注意定期及时喷水保湿和补充饵料。

## 268. 如何利用大田平地培养蚯蚓?

大田平地培养法的特点是培养面积大,可就近利用杂草、落叶、农家肥料等,还可充分利用潮湿、天然隐蔽等有利条件。这种培养法多结合作物栽培在预留行内同时进行。栽培多年生植物比1年生植物效果好,在叶面繁茂和水、肥条件较好的农田中养殖效果更好。

一般可在种植棉花、玉米、小麦和大豆等农田中进行,培养地要选择在排水性能好、能防冻、无农药污染的地方。培养方法可在田边或农作物预留行间,开挖宽和深均为20厘米的沟,放入厚15～20厘米的基料和蚯蚓种,上面覆盖土或稻草。保持基料和土壤湿度在50%左右,做到上面的料用手挤压时,手指缝间有水滴,底层有积水1～2厘米深即可。夏天早、晚各浇水1次,冬天每隔3～5天浇水1次。在培养过程中还要投喂饵料,饵料用经过腐熟分解后的有机质为好,要具有细、熟、烂且易消化的优点。饵料的制作方法是:用杂草、树叶、塘泥搅拌堆制发酵,也可用猪粪、牛粪堆制发酵,冬天上面要盖塑料薄膜或垃圾、杂草,帮助催化,15～20天即可使用。加喂料厚15～20厘米,20天左右加料1次,1～2天后蚯蚓就会进入新鲜饵料中,与卵自动分开,陈饵中的大量卵茧,可另行孵化,也可任其自然孵化。

基料和饵料的使用都要考虑天热用薄料、天冷用厚料，通气要良好，薄料中要加入适量木屑和杂草，以利于通气，厚料可用木棍自上而下戳洞，以改善供氧并排出料中废气。

## 269. 如何采用多层式箱养的方法饲养蚯蚓？

这是为充分利用立体空间而推行的一种饲养方式，在室内架设多层床架，在床架上放置木箱。木箱规格一般为40厘米×20厘米×30厘米，或60厘米×30厘米×30厘米，或60厘米×40厘米×30厘米。箱底和侧面要有排水孔，孔的直径为1厘米左右，排水孔除作为排水和通气以外，还可散热，以防止箱中由于饲料发酵而使温度升高得过快、过高，导致蚯蚓窒息死亡。内部可以再分3～5格，每格间铺设4～5厘米厚的饲料，每立方米可放日本大平二号蚯蚓2 500条左右。在两行床架之间架设人行走道，在室内温度为20℃左右、空气相对湿度为75%左右条件下，可以常年生产，但注意防止鼠患及蚂蚁的危害。

## 270. 如何盆养蚯蚓？

可用陶缸、瓦盆、木盆、花盆等进行养殖，适用于家庭饲养蚯蚓，通常是钓鱼爱好者为了解决鱼饵而专门饲养的。缺点是盆体较小，投放量较小，形不成规模。

## 271. 如何用池槽培养蚯蚓？

用于培养蚯蚓的池槽，一般用砖石砌成长方形，大小因地制宜，饲养槽上面要搭简易棚顶，目的是保持温度和湿度。池槽可以批量生产蚯蚓，而且产量比较高，饲养比较方便，通常每平方米放养幼蚯蚓1 500条左右，平时注意浇水和防敌害。

## 272. 培育蚯蚓如何确定放养密度？

在适宜的条件下，青蚯蚓个体大，饲养密度以每平方米 1 500 条左右为宜；赤子爱胜蚓（主要是日本大平二号蚯蚓）以每平方米 2 000～3 000 条为宜。就整个蚯蚓群体而言，若投放种蚓时，每平方米可投放 2 000～4 000 条；以种蚓产卵孵化出的幼蚓为繁殖蚓时，每平方米投放量为 5 000～8 000 条；而以繁殖蚓产卵孵化的种蚓为生产蚓时，每平方米可放养 2 万～3.5 万条。

## 273. 蚯蚓的投饵方法有哪几种？

蚯蚓饲料的投放可采用上投法、下投法和侧投法。根据经验，通常采用侧投法为佳，即把新饲料投放在旧饲料的侧面，让成蚓自动进入新饲料堆中采食、栖息，而幼蚓进入新饲料堆中速度较慢，数量较少，这样有利于成蚓、幼蚓、蚓茧的分离，避免三代同堂，有利于蚯蚓的繁殖及分离。

**(1)上投法**　比较适用于补料。当蚯蚓生长活动几天后，观察到料床表层已粪化时，即将新饵料撒在原饵料上面，为 5～10 厘米厚，蚯蚓在新饵料层活动并采食，经数次补料后即形成饵料床。

上投法的优点是便于观察饵料粪化情况，投饵方便，清除粪便方便。缺点是新料中的水分渗入原料层内，造成底部水分过大，湿度也较大，而且数次投料后会导致蚯蚓埋于深处，不利于蚯蚓的及时增殖，解决的方法是定期翻动饵料床并清除蚯蚓粪便。

**(2)下投法**　此法是将新料铺入养殖床内部，用此法补料，将原饵料从饵料床移开，将新饵料铺设在原来的床位内，再将原饵料（连同蚯蚓、蚓茧）一起铺设在新料上。保留一个新床位，在补料时，采用一翻一的作业方法逐个翻床投喂。此法优点是原饵料在上部，有利于蚓茧及时孵化，促进蚯蚓增殖，缺点是新饵料在下部特别是底部使蚯蚓采食不均匀，易造成饵料浪费。

**(3)侧投法** 此法适用于将蚯蚓种引诱出，使成蚓、茧和幼体分开，养成与孵化分开进行，当原饵料床内已存在大量蚓茧和幼小蚯蚓时，或原饵料床已堆积成一定高度且大部分已经粪化时，可采用侧投法将蚯蚓诱出。目前生产中主要采用侧投法进行投喂。

## 274. 在给蚯蚓投饵时，如何确定投饵量？

蚯蚓的养殖周期，以 4 个月为 1 期，每天的投饵量通常相当于蚯蚓自身的体重。1 条成蚯蚓的体重一般为 0.4 克，若养 1 万条蚯蚓，则每天投喂约 4 千克的饵料。随着蚯蚓不断繁殖增长，摄食量随之加大，投饵也相应增多，同时应及时分床，以保证养殖密度合理，促进蚯蚓快速增殖。

一般蚯蚓投喂可采用隔天投喂 1 次或数天投喂 1 次的方法，若每天投喂，则投饵总量应等于蚯蚓体重的 100%～120%。隔天投喂时，投饵总量应是每天投饵量的 2 倍。数天投喂时，则累计即可。

## 275. 如何采集蚯蚓？

当蚯蚓养殖密度达到一定规模，个体长至成蚓大小时，必须及时采集。实践证明，合理采集蚯蚓可使全年蚯蚓产量有较大幅度的提高。采集的原则是抓大留小、合理密度，即将密度较高、多数已性成熟的蚯蚓采集出来，采集后保持合理的养殖密度才能提高繁殖力和繁殖水平，采集方法主要有以下几种。

**(1)手抓** 可套上塑料手套或用特制的铁质扁刺小钉耙，将多数蚯蚓已达性成熟的蚓床表层铲出来后放在薄膜上，堆高 50～60 厘米后，用耙多翻动几次，蚯蚓一受到外界机械刺激就一直向下部移动直至薄膜处，将表层蚓粪及饵料(含有卵茧)逐渐取出，搬回再撒布在蚓床上，最后收集塑料薄膜上的蚯蚓即可投喂或进一步加工。

**(2)雨后采集** 夏、秋季气温较高,也是蚯蚓生长迅速、发育最快的季节,此时要增加采集的次数,确保全年蚓产量。雨后采集一般在露天野外养殖时使用,通常在雨后的第二天早晨,把蚓床表层密集的蚯蚓及饵料采集到室内或塑料薄膜上进一步采集。

若为了游钓或驯饵需要少量蚯蚓时,可用手轻轻扒开蚓床20～25厘米深,即可看到大量蚯蚓。

## 276. 可以培养水蚯蚓用于喂养泥鳅吗?

水蚯蚓隶属环节动物门、寡毛纲、近孔寡毛目、颤蚓科、水蚯蚓属,是最常见的底栖动物,也是淡水底栖动物群的重要组成部分,它们像蚯蚓一样,吞食淤泥而又排出,有利于改善水底环境。同时,水蚯蚓具有较高的营养价值,干物质中蛋白质含量高达70%以上,其中氨基酸种类齐全,含量丰富,是鲤鱼、鲫鱼、黄鳝、泥鳅、塘虱鱼、金鱼、热带观赏鱼等鱼类的珍贵活饵料。

水蚯蚓用于人工培育的种类主要有霍氏水丝蚓,其个体长5～6厘米,也有10厘米或更长的,其群体产量较高。它们喜生活在带泥的微流水水域,一般潜伏在水底有机质丰富的淤泥下10～25厘米处,低温时深埋泥中。喜暗,不能在阳光下暴晒。刚孵出的幼蚓体长约0.6厘米,2个月左右性成熟。人工养殖的水蚯蚓,其寿命约为3个月,体长5～6厘米。

## 277. 野外的水蚯蚓如何捕捞与保存?

天然水域中水蚯蚓的聚集有季节性变化,但不太明显。捞取水蚯蚓时,要带着泥团一起挖回,装满桶后,盖紧桶盖,几小时后,需要取水蚯蚓时,打开桶盖,可见水蚯蚓浮集于泥浆表面。捞取的水蚯蚓要用清水洗净后才能喂养鱼类。取出的水蚯蚓在保存期间,需每日换水2～3次,在春、冬、秋三季均可存活1周左右。保存期间若发现虫体变浅且相互分离不成团,蠕动又显著减弱,即表示水中缺氧，虫体体质减弱，有很快死亡腐烂的危险，应立即换水抢救。在炎热的夏季，保存水蚯蚓的浅水器皿应放在自来水龙头下用小股细流水不断冲洗，才能保存较长时间。

## 278. 人工培育水蚯蚓时，如何建池？

水蚯蚓天然资源丰富，在污水沟、排污口以及码头附近数量特别多，人工培育水蚯蚓方法简便易行。首先要选择一个适合水蚯蚓生活习性的生态环境来挖坑建池，要求在水源良好（最好有微流水）、土质疏松、腐殖质丰富的避光处，面积视培养规模而定，一般以3～5米$^2$为宜，最好是长3～5米，宽1米，水深20～25厘米，两边堤高25厘米，两端堤高20厘米。池底要求保水性能好或铺设三合土，池的一端设一排水口，另一端设一进水口。进水口安装牢固的过滤网布，以防敌害进入，堤边种丝瓜等攀缘植物遮阴。

## 279. 如何制备培养水蚯蚓的基料？

制备良好优质的培养基料，是培育水蚯蚓的关键，培养基料的好坏取决于污泥的质量。选择有机腐殖质和有机碎屑丰富的污泥作为培养基料。培养基料的厚度以10厘米为宜，同时每平方米施入7.5～10千克牛粪或猪粪作基肥，在下种前每平方米再施入米糠、麦麸、面粉各1/3的发酵混合饲料150克。

## 280. 如何引种水蚯蚓？

每平方米引入水蚯蚓250～500克为宜，若肥源、混合饲料充足时，可多投放种蚓，产量更高。一般引种后15～20天后即有大量幼蚯蚓密布土表，刚孵出的幼蚯蚓，长6毫米左右，像淡红色的丝线，当见到水蚯蚓环节明显呈白色时即说明其达到性成熟。

## 281. 如何给水蚯蚓投喂饵料?

用发酵过的麸皮、米糠作饲料,每隔3～4天投喂1次。投喂时,要将饲料充分稀释,均匀泼洒。投喂量要掌握好,过多则水蚯蚓的栖息环境受污染,不足则生长慢,产量上不去。根据经验,精饲料以每平方米60～100克为宜。另外,间隔1～2个月增喂1次发酵的牛粪,投喂量为每平方米2千克。

## 282. 在培育水蚯蚓时,如何消除敌害?

养殖期间,培养基表面常会覆盖青苔,这对水蚯蚓的生长极为不利,宜将其刮除。一般刮除一次即可大大降低青苔的光合作用而抑制其生长,连续刮2～3次即可消除,不能用硫酸铜治理青苔,因为水蚯蚓对各种盐类的抵抗力很弱。另外,要防止泥鳅、青蛙等敌害的侵入,一旦发现应及时捕捉,否则将会大量吞食水蚯蚓。

## 283. 培养水蚯蚓时的日常管理有哪些?

培养基的水保持3～5厘米为佳,若水过深,则水底氧气稀薄,不利于微生物的活动,投喂的饲料和肥料不易分解转化;过浅时,尤其在夏季光照强,会影响水蚯蚓的摄食和生长。水蚯蚓常喜群集于泥表层3～5厘米处,有时尾部露于培养基表面,受惊时尾鳃立即潜入泥中。水中缺氧时尾鳃伸出很宽,在水中不断搅动,严重缺氧时,水蚯蚓离开培养基聚集成团浮于水面或死亡。因此,培育池水应保持微细流水状态,缓慢流动,防止水源受污染,保持水质清新和丰富的溶解氧。水蚯蚓适宜的pH值为5.6～9,因培养池常施肥投饵,pH值时而偏高或偏低。水的流动,对调节pH值有利。水蚯蚓个体的大小因温度和pH值的高低而适当变化,因此每天应测量气温与培养基的温度,每周测1次pH值。水蚯蚓生长的最佳水温是10℃～25℃,溶解氧不低于2.5毫克/升。进、出水口应设牢固的过滤网布以防小杂鱼等敌害进入。但在投饵时应停止进水，每3天投喂1次饵料即可，每次投喂的量以每平方米1.5千克精饲料与2千克牛粪稀释均匀泼洒，投喂的饲料一定要经16～20天发酵腐熟处理后才可使用。因此，水蚯蚓养殖成功的关键首先是水环境的好坏，其次在于其对药物的抵抗力及培养基的肥沃度。

## 284. 如何采收水蚯蚓？

水蚯蚓繁殖力强，生长速度快，寿命约80天，在繁殖高峰期，每天繁殖量为水蚯蚓蚓种的1倍多，在短时间可达相当大的密度，一般在下种后15～20天即有大量幼蚯蚓密布在培养基表面，幼蚓经过1～2个月就能长大为成蚓。因此，要注意及时采收，否则常因水蚯蚓繁殖密度过大而导致死亡、自溶而减产。通常在引种30天左右即可采收。采收的方法是：在采收前一天晚上断水或减少水流，迫使翌日早晨或上午培育池缺氧，此时水蚯蚓群集成团漂浮于水面，可用20～40目的聚乙烯网布做成的手抄网捞取，每次捞取量不宜过大，应保证一定量的蚓种，一般以捞完成团的水蚯蚓为止，日采收量每平方米能达到50～80克，合每667米$^2$采收30～50千克。

## 285. 如何用滤泥培养水蚯蚓？

滤泥是生产蔗糖的下脚料，含有大量的酵母菌，滤泥的pH值为6.5～7.5，用它来培养水蚯蚓，效果很好。用滤泥培养水蚯蚓，方法简单，产量高，成本低，可使用土池、水泥池或用塑料薄膜铺设的培养池，面积可大可小。

培养的方法是：先在池底铺上10厘米厚的软泥，整平后在泥土上施放0.2～0.5厘米厚的滤泥，再引入少量的水蚯蚓蚓种，池面如果搭有瓜棚，水深保持在1～3厘米即可；在阳光直射的情况下，水深可加至 20～40 厘米，培养过程中每隔 3～5 天每平方米追施滤泥 1～2.5 千克，大面积培养可设置循环水路。

采收时带着表层泥土一起捞取，置于桶中，加盖隔绝空气，待水蚯蚓在水表层集结成团时便可捞取，也可预先在培养池中撒上蚕豆大小的饭块，水蚯蚓会聚集在腐烂的饭块周围摄食，结成一个小蚯蚓团，采收十分方便。温度在 20℃～32℃的季节中，每平方米每天可采收 0.2 克，冬季水蚯蚓钻泥越冬，只要保持泥土湿润即可保证其安全越冬。

# 八、泥鳅的繁殖技术

## 286. 为什么要做好泥鳅的人工繁殖?

随着人们对泥鳅的日益重视,自然界中的泥鳅已经被过量捕捞,加上它们自然栖息场所的日益恶化,导致泥鳅的天然资源遭到了破坏,自然产量大为减少,为了保证泥鳅的规模化养殖,泥鳅的繁殖就显得尤为重要。

## 287. 泥鳅的繁殖有什么特性?

泥鳅属底栖小型经济鱼类,在自然条件下,二龄时性成熟,开始产卵。泥鳅为多次性产卵鱼类,4 月上旬开始繁殖,5～6 月份是产卵盛期,繁殖水温为 18℃～30℃,最适水温为 22℃～28℃,尤其水温在 25℃左右时是产卵盛期,一直延续到 9 月份还可产卵。

## 288. 亲鳅的来源有哪几种途径?

亲鳅是泥鳅进行繁殖的基础,那么如何保证亲鳅的供应呢?根据众多养殖户的生产经验,我们认为亲鳅的来源通常可以从以下 3 个途径来解决。

第一个途径就是筛选自己培育的已达性成熟的成鳅,这种泥鳅在数量上和质量上能够得到保障,无传染病危险,怀卵量大,孵化率高,繁殖效果好。

第二个途径就是从集贸市场上购买性成熟的泥鳅,在选购这种泥鳅时,一定要注意了解它的捕捉途径,用网捕或冲水刺激上来的泥鳅才能用于繁殖,而用药捕、电捕等方法捕捞的就不能用于泥鳅的繁殖。

第三个途径就是从自然界的沟塘中捕捉野生鳅，这类泥鳅没有经过驯化，野性比较强，有患传染病的危险，因此在繁殖前最好经过 2 个月左右的培育后再用来繁殖，其优势是可以避免泥鳅的近亲繁殖。

## 289. 如何通过体型鉴别亲鳅的性别？

同等年龄的泥鳅，雄鳅头尖、较小，身长与尾端一样粗细，尾尖上翘，背鳍末端两侧有肉质凸起；雌鳅头椭圆、较大，前身粗而尾端细，尾端圆平，背鳍末端正常，无肉质凸起，产过卵的雌鳅腹鳍上方身体还有白色斑点状的产卵记号，未产过卵的则没有(图 4)。

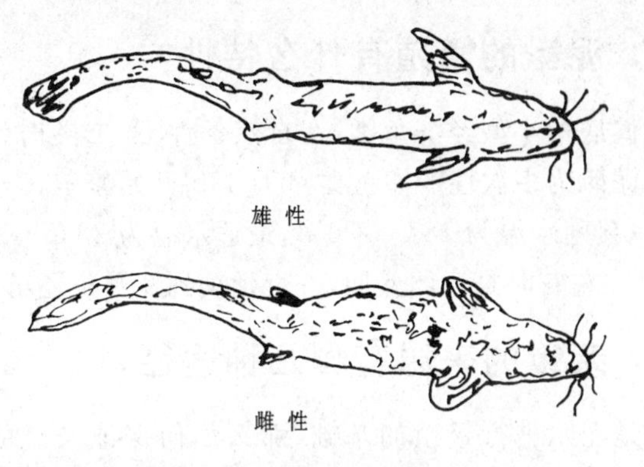


图 4 泥鳅的体型

## 290. 如何通过胸鳍鉴别亲鳅的性别？

在泥鳅的生殖季节，雌、雄之间是有许多不同的特征的，这就是通常所说的第二性征。雄鳅胸鳍较大，第二鳍条最长，前端尖形，尖部向上翘起，呈镰刀状，最外侧 2～3 根鳍条末端略向上翻，胸鳍上有追星；雌鳅胸鳍较小，前端圆钝呈扇形展开，末端圆滑，呈舌状(图 5)。

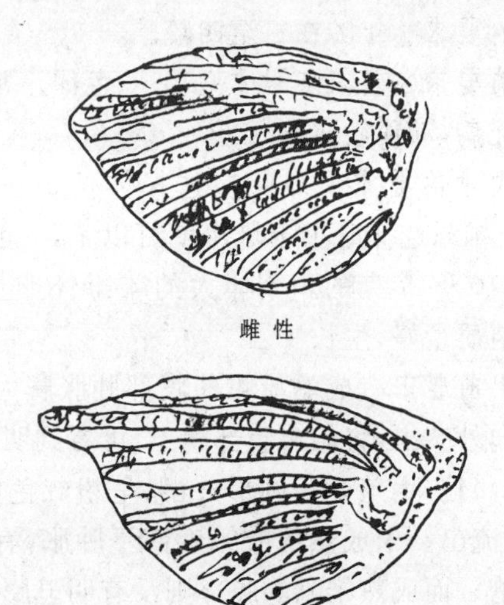


图 5　泥鳅的胸鳍

## 291. 如何通过腹部鉴别亲鳅的性别?

产卵前雄鳅腹部不肥大且较扁平,雌鳅产卵前,腹部圆而肥大,且色泽变动,呈略带透明黄的粉红色,这是成熟的卵子在体腔里的颜色。

## 292. 如何通过手感鉴别亲鳅的性别?

可以通过用手摸成熟的泥鳅胸鳍来鉴别雌雄。一般来说,手摸上去有刺手粗糙感的就是雄鳅,手摸上去光滑滑的就是雌鳅。

## 293. 亲鳅的选择标准是什么?

无论是哪种来源的亲鳅,必须进行严格排选。亲鳅的选择很有讲究,必须达到一定的性成熟度才是最好的,其主要的选择标准如下。

**(1)年龄的要求**　年龄在二至四龄。

**(2)身体的要求**　要求亲鳅体型端正、色泽正常、体质健壮、各鳍完整、无伤无病，动作敏捷。

**(3)个体大小的要求**　雌鳅应选择体长10～15厘米，体重20～30克的。雄鳅选择略小于雌鳅就可以了，一般选择体长8～12厘米、体重10～15克的。个体大的雌鳅怀卵量大，雄鳅精液多，繁育的鳅苗质量好、生长快。

**(4)形态上的要求**　成熟雌鳅的腹部肿胀膨大、柔软，富有弹性，腹部明显向外突出，将雌鳅腹部朝上，可看到明显的卵巢轮廓，隐约可见腹中卵粒，生殖孔为圆形外翻，呈粉红色，用手轻压时腹部就会有卵粒流出。未成熟的雌鳅腹部不肿胀，有比较明显的腹中线，有一凹槽。而成熟雄鳅的腹部则没有明显膨大的感觉，生殖孔狭长凹陷，呈暗红色，轻压腹部有乳白色精液流出。

**(5)亲鳅的性比搭配**　要求选择的亲鳅能满足正常的繁殖需要，在雌、雄配比上达到1∶3的最佳配比。

## 294. 如何准备亲鳅培育池？

每年4月底水温达到18℃时，可以开始泥鳅的繁育工作了。首先要准备的就是培育池。

亲鳅培育用水泥池或土池均可，要求水源充沛，水质清新无污染，进、排水方便。一般要求面积在30～50米$^2$的长方形水泥池，底铺20厘米厚的黏土层，水深1米左右。进、排水口分设在池两端并安装防逃网或用拦鱼网罩拦好，以防泥鳅逃逸。放养前15天要进行清塘消毒，每平方米施生石灰100～200克，用适量水化开，全池泼洒。

## 295. 如何放养亲鳅？

亲鳅放养密度不宜过大，以每平方米放10～20尾较好，雌、雄比例为1∶2～3。放养前用5%左右的食盐水消毒处理，然后放入池塘中培育。

## 296. 亲鳅的培育要点有哪些？

**(1)水草投放** 首先是池中可常投入一些较高大的水草或旱草，以利遮阴、避光、肥水，增加水中的腐殖质。其次是在培育池中还需要提前人工栽培一些柔韧性较好的水草，这些水草对亲鳅的培育是非常有好处的，可以为亲鳅诱来活饵料，为亲鳅提供卵子的附着场所，水草的光合作用可以为亲鳅的生长发育提供充足的溶解氧，还可以为亲鳅的嬉戏及调情提供场所。

**(2)加强投喂** 泥鳅是杂食性鱼类，植物性饲料和动物性饲料均要投喂。培育亲鳅时，一定要加强投喂人工饲料，尤其是要多投动物性饲料。常用的动物性饲料有水蚤、蚯蚓、蚕蛹、鱼粉等，常用的植物性饲料有米糠、麦麸、豆饼、花生饼、玉米粉、豆渣、酒糟等。每天的投喂量依天气、水温和水质的变化而不同，为了使泥鳅摄食均匀，最好每天上午9时和下午3时投喂2次，每次投喂以1小时吃完为度。池中设饲料盘，饵料放置盘上，沉入水底，任泥鳅自由采食。投喂量一般为泥鳅总体重的5%左右。投喂要注意营养全面、平衡，动、植物性饲料搭配投喂，要及时将饲料盘中的残饵清除，换入新饲料。春季3月下旬以后，要进行亲鳅的强化培育。在上述植物性饲料中要多加入些含蛋白质较多的物质，如鱼粉、碎鱼虾、动物内脏及下脚料等，以促使亲鳅的性腺发育。

**(3)水质管理** 在强化培育时期，更要注意水质的优良，培育池中要常冲换新水，保持水质良好，这样有利于性腺发育成熟。

## 297. 亲鳅繁殖前，如何准备产卵池？

在泥鳅养殖中，繁殖前的准备是很重要的。繁殖泥鳅必须为其提供适宜的环境条件，为产卵孵化做好各项准备工作，以保证顺利产卵和孵化，提高鳅苗的成活率。

可采用家鱼人工繁殖用的产卵池，也可以选择一些较小的稻田、池塘、沟渠，水深保持在15～20厘米。也可用网片或竹篱笆围成3～10米$^2$的水面作为产卵场所，若能保持微流水则更佳。另外，水泥池、大塑料盒、桶、水缸或其他容器均能作为产卵用设施。产卵池选择圆形环道结构形式，直径在3～4米不等，底部有多个与环道平行的纵向出水孔，中心上半部设置60目绢筛的出水过滤网，池深1米左右。所有的产卵场所使用前都要消毒，将水位控制在水深15厘米左右时用生石灰带水消毒，每立方米水体施15～20克；也可以用漂白粉消毒，每立方米水体施4克。

## 298. 亲鳅繁殖时，要准备哪些繁殖用药？

对人工繁殖时需用的如脑垂体、绒毛膜促性腺激素、促黄体素释放激素类似物等，应提前备足，并留有余地。对防止鱼病，消毒净化水质的硫酸铜、硫酸亚铁、溴氰菊酯、青霉素等，要注意这些药物的有效期。

## 299. 对亲鳅繁殖用的鱼巢有哪些要求？

对鱼巢的要求一是不易腐败、不能含有有毒和有害成分，以免影响胚胎的正常发育；二是要柔软、能漂浮在水中，以方便鳅卵的附着；三是选用的材料要分枝多、纤维细密、质地柔软蓬松。

## 300. 常用于制作鱼巢的材料有哪些？

目前用于制作泥鳅鱼巢的材料比较多，常用的有冬青树嫩根、棕榈树皮、杨柳树须根、金鱼藻等水草以及一些陆生草类如稻草等，近年来也有用柔软的绿色尼龙编织带，织成宽5厘米、长80厘米的人工鱼巢。

## 301. 如何用棕榈树皮制备鱼巢?

先将棕榈树皮用清水洗净,主要是清除其表面上的污泥杂物,然后放在大锅中蒸或煮 1 小时左右,目的是除掉棕榈皮内部所含对鱼卵有害的单宁等物质,晒干后备用。在制作时,先轻轻地用小锤锤打片刻,然后将棕榈皮多扯动几次,让它充分松软,目的是增加卵的附着面积。最后把这些棕榈皮用细绳穿成串,一般按照 4～5 张棕榈皮为一束的大小捆扎成伞状,要注意的是不能将几张棕榈皮皱缩在一起,这样会减小附着的有效面积。为预防孵化时发生水霉变,可将棕榈皮扎成的鱼巢,放在 0.1%甲醛溶液中浸泡 20 分钟,或用 2%食盐水浸泡 20～40 分钟,也可用 20 克/米$^3$ 水体的高锰酸钾化水浸泡 20 分钟左右,取出后,晒干待用。值得注意的是,用棕榈皮制成的鱼巢,只要妥善保管,可使用多年。翌年再用时,仅洗净、晒干即可,在当年使用结束后要及时用清水洗净,不要留下鱼腥味,以防止蚂蚁和老鼠的破坏。

## 302. 如何用杨柳树须根制备鱼巢?

其制备方法基本上与棕榈皮制备鱼巢是一样的。只是要将杨柳树须根的前端硬质部分敲烂,拉出纤维使用,树根的大小要搭配得当,为了方便取卵,可用细绳将树根捆扎成束,最后把它们固定在一根竹竿上,插入池中即可。冬青树嫩根的制备方法与之极为相似,可用漂白粉消毒,每立方米水体用 4 克药化水浸泡 20～30 分钟。

## 303. 如何用稻草制备鱼巢?

先将稻草晒干,然后用干净的清水浸泡 8 小时左右,稍晾干至不滴水为宜,然后用小木槌轻轻捶打松软,经过整理再扎成小束,每束以手抓一把为宜,最后固定在竹竿上,插入水中即可。

## 304. 如何用水草制备鱼巢？

一是要选好水草，水草的茎叶要发达，放在水中能够快速散开，形成一大片伞状的鱼巢。二是水草要无毒。三是水草要适应泥鳅的生长需要。四是水草的茎要有一定的长度和韧性。根据生产实践，目前常用的水草有菹草、马来眼子菜、鱼腥草等。将水草采集后，用20毫克/升高锰酸钾溶液浸洗消毒5分钟，以杀死水草中可能附着的其他敌害生物的卵或其他病原体，然后捆扎成束铺撒于水面即可。以水草作为材料制作的鱼巢，一般仅能使用1次，如果在鱼苗孵出后，水草尚未腐烂，可用来投喂草鱼、鲂鱼等食用鱼。

## 305. 鱼巢的设置有哪些要求？

根据生产实践证明，人工制作的鱼巢以布置在产卵池的背风处为好，为了方便观察和下卵，还是以集中连片设置为好。目前常用的设置方法主要有2种，一种是悬吊式，另一种是平铺式。如果发现泥鳅大批产卵，鱼巢上已经布满卵粒，就要根据情况立即取出，同时再另挂新鱼巢。

## 306. 泥鳅的自然繁殖是如何进行的？

这种繁殖方法是比较简便的，目前在部分地区也常常被使用。在每年开春后的3月份，先按要求修整亲鳅繁殖池，再按消毒要求用生石灰、漂白粉或茶枯进行消毒，在消毒3天后注入新水。一般在第七天左右，池水的药性基本消失后，将雌、雄亲鳅按1∶2的比例放入池中，放养量要控制好，一般每平方米放200克左右即可。此时要加强投喂，并不时地冲换水对性腺进行刺激。当池水温度上升到20℃左右时，培育好的亲鳅可能就会开始排卵，此时就要在池中放置已经处理好的鱼巢，放置鱼巢后要经常检查并清洗上面的污泥沉积物，以免泥鳅产卵时影响卵粒的黏附效果。

根据泥鳅的产卵习性表明，泥鳅喜欢在雷雨天或水温突然上升的天气产卵。产卵前亲鱼会有明显的调情行为，就是雄鳅在雌鳅的后面紧紧追逐，而且追逐越来越激烈，可见产卵池里的泥鳅上下翻滚，然后当雌、雄亲鳅两情相悦时，雄鳅就会用身体缠绕雌鳅的前腹部位，完成产卵及受精过程（图6）。大多数泥鳅的自然产卵都是在清晨5时左右开始，群体交配行为会一直持续至上午10时左右结束，每个个体的产卵过程需20～30分钟。产卵后，要及时取出粘有卵粒的鱼巢另池孵化，以防亲鱼吞吃卵粒。同时，补放新鱼巢，让未产卵的亲鳅继续产卵。产卵池要防止蛇、蛙、鼠等的危害。

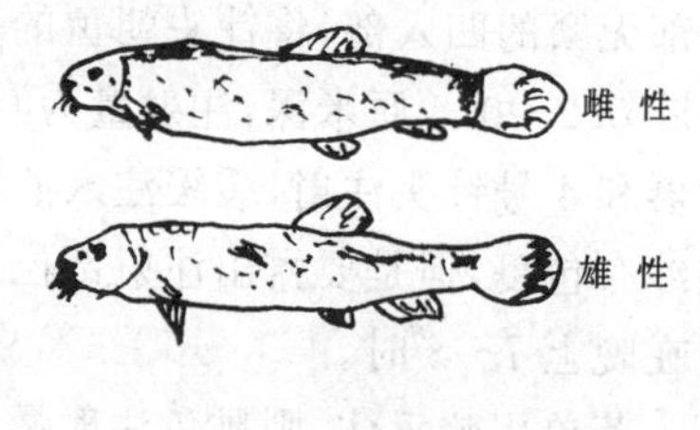


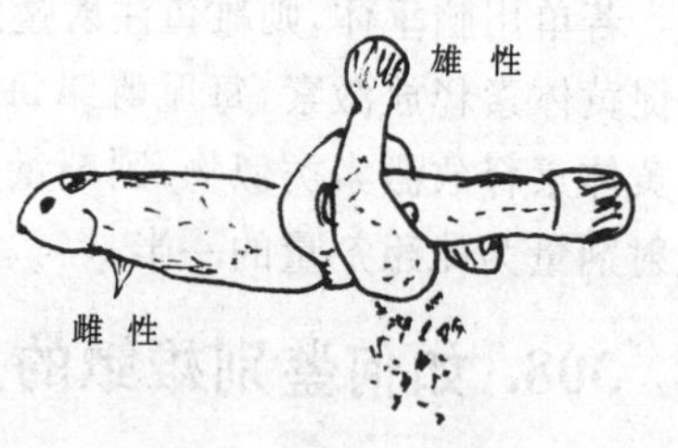


图6 泥鳅产孵示意

## 307. 如何进行泥鳅的人工催产？

**(1)催产地点** 选择成熟度较好的雌、雄泥鳅后，就可进行人工催产。催产在水泥池中进行，池面积为5米$^2$，池深0.8米，注入水深0.3米，水为经暴晒的机井水，水温控制在23℃～25℃。产卵池中设置鱼巢，将鱼巢用竹竿固定在产卵池中央。

**(2)催产剂种类** 泥鳅人工繁殖的方法与家鱼相同，也需要催产剂，泥鳅使用的催产剂种类主要有鲤鱼或鲫鱼脑垂体、绒毛膜促性腺激素、地欧酮、促黄体素释放激素类似物等几种。

**(3)催产剂的注射方法和剂量** 催产剂的注射方法可分为胸

鳍基部体腔注射和背部肌内注射2种，一般采用体腔注射，在胸鳍基部无鳞的凹入部，将针头朝鱼的头部方向与体轴呈45°角，刺入体腔0.2～0.3厘米深，注射量为0.1～1.2毫升，采用1毫升的注射器和4号针头注射，缓缓注入液体。因泥鳅喜钻动，注射时可用湿纱布包裹，但是要露出注射部位，以方便注射。注射时间一般选择在晚上7～8时。

若单用脑垂体，则雌鱼注射量为14～16毫克/千克体重；如果用促黄体素释放激素，每尾雌鳅每克体重用20～40单位；如果用促黄体素释放激素类似物，则剂量为5～10微克/千克体重。雄鳅注射剂量为雌鳅剂量的一半。

## 308. 如何鉴别雄鳅的成熟度？

成熟度好的雄鳅腹部扁平、不膨大，轻轻挤压会有乳白色精液从生殖孔流出，精液入水后能散开，用显微镜观察发现精子活动十分活跃。

## 309. 如何判断卵的成熟度？

成熟度好、怀卵量大的雌鳅表现为：腹部略带透亮的粉红色或黄色，膨大、柔软而饱满，生殖孔微红且开放。卵成熟度的检查要点是：①成熟卵。轻轻挤压雌鳅腹部，卵马上排出，呈米黄色、半透明状，有黏着力。②不成熟卵。需要强压雌鳅腹部才能排出，呈白色、不透明状，无黏着力。③初期过熟卵。呈米黄色、半透明状，有黏着力，但受精1小时内慢慢变成白色。④中期过熟卵。呈米黄色、半透明状，但动物极、植物极颜色白浊。⑤后期过熟卵。极部物质变为黄色液体，原生质变白。雌鳅卵巢发育不成熟或过度成熟都会导致人工繁殖失败，要求最好达到正好成熟阶段。接近成熟阶段可人工催熟。

## 310. 如何进行泥鳅的人工授精？

人工授精的受精率较高，在缺少雄鱼时，使用此法较好，但须把握适宜的授精时间，否则会降低受精率。人工授精一般采用干法授精，干法授精时要保持“三干”，即容器干、鳅体干、手干。若采取人工授精，可将已注射催产剂的雌、雄泥鳅分别暂养于挂有鱼巢的孵化池或网箱中，在水温为20℃～25℃时，注射药物后12小时可发情，这时可进行人工采卵授精。轻压雌鳅腹部有卵粒流出，将卵子挤入器皿中，再将雄鳅的精液挤出，并用羽毛轻轻搅拌，使精卵充分混合，然后加入少量清水，同时加入0.6%～0.7%的生理盐水，再将受精卵轻洒在鱼巢上，再转入孵化池中孵化。

## 311. 受精卵的孵化方式有哪几种？

泥鳅在繁殖过程中，受精卵的孵化是很重要的，其在室内或室外都可进行，有静水孵化和流水孵化2种方式。设备有孵化池、孵化网箱(可用集卵网箱)、孵化缸、孵化桶、孵化环道等，也可在产卵池内孵化。

## 312. 池塘静水孵化如何操作？

将附有卵粒的鱼巢放在池中，密度要适宜。如果是静水池塘，需要充气，要勤换水，每天换水2次，温差不超过1℃～2℃，以保证孵化时所需的充足溶解氧。充气量大小与卵的质量和密度有关，如鱼巢放置密度较稀，卵质好，则充气量小；反之，充气量要大。孵化放卵密度为每平方米400粒左右。孵化时孵化池上方要遮蔽阳光，以防鱼苗发生畸形。在水温25℃左右时，约30小时可以孵化出膜。由于孵化时间较长，鱼巢及卵上经常会黏附污泥，应经常轻晃清洗，孵化期间要保持水质清洁，透明度较大，含氧量高，肥水和浑浊的水对孵化不利。要注意防止受精卵挤压在一起，若发现受精卵相互挤压，要用搅水的方法或用吸管使之分离开来，以免因缺氧而影响孵化率。孵化期间每天早晨要巡塘，发现池中有蛙卵时，应随时捞出。在精心管理下，孵化率一般可达80%左右。仔鳅出膜后3天，需立即清洗鱼巢，将仔鳅移入水质良好的池中暂养。仔鳅暂养时要投喂熟蛋黄，每10万尾鳅苗投喂1个蛋黄，上、下午各投1次，蛋黄要用手捏碎经120目绢筛过滤后再投喂，第二天投喂前要清除残渣，并加入新水再投喂。仔鳅高密度暂养的时间一般为5天，以后可转入池塘饲养。

## 313. 孵化缸孵化如何操作？

孵化缸因具有结构简单、造价低、管理方便、孵化率较稳定等优点，选用较普遍。

孵化缸由进出水管、缸体、滤水网罩等组成。缸体可用普通盛水容量为250～500升的水缸改制，或用白铁皮、钢筋水泥、塑料等材料制成。水缸改造较经济，采用广泛。按缸内水流的状态，分为抛缸（喷水式）和转缸（环流式）2种。抛缸，只要把原水缸的底部，用混凝土浇制成漏斗形，并在缸底中心接上短的进水管，紧贴缸口边缘，上装每厘米16～20目的尼龙筛绢制成的滤水网罩即成。用时水从进水管入缸，缸中水即呈喷泉状上翻，水经滤水网罩流出。鱼卵能在水流中充分翻滚，均匀分布。如能在网罩外围做一个溢水槽，槽的一端连接出水管，就能集中排走缸口溢水。放卵密度，抛缸一般比转缸高20%，每立方米水体可放卵200万～250万粒。日常管理和出苗操作皆方便。转缸，在缸底装4～6根与缸壁成一定角度，各管成同一方向的进水管，管口装有用白铁皮制成的、形似鸭嘴的喷嘴，使水在缸内环流回转。由于水是旋转的，排水管安装在缸底中心，并伸入水层中，顶部同样装有滤水网罩，滤出的水随管排出，放卵密度为每立方米水体150万～200万粒。

# 九、泥鳅的苗种培育技术

## 314. 什么是泥鳅的苗种培育？

鳅苗培育是指将5～6毫米的泥鳅水花经过20天左右的饲养，将其培育成体长2～3厘米，供培育鱼种用。而鳅种培育是指将经过培育的体长达3厘米左右的泥鳅培养成5～6厘米左右，供成鳅放养用。

## 315. 泥鳅苗种的培育有哪些重要意义？

利用专门的培育池对泥鳅进行苗种培育，主要是为了提高苗种的成活率，为成鳅的养殖提供更多、更好的符合要求的苗种。

有好多泥鳅养殖者都有这样的经验，无论是购买的野生苗种还是人工繁殖的苗种，有时在放养的1周内会发生大批死亡的现象，导致养殖户的重大损失。根据养殖户反馈的信息，这些苗种的死亡很有规律，就是较小和较大的苗种特别容易死亡，具体规格是体长1.5～2.5厘米的小鳅苗死亡较多；体长3～5厘米的中等鳅种，放养后几乎没有死亡，显示出强大的生命力；而体长8厘米的大鳅种，放养后也会有部分死亡，尤其是放养操作不当时，死亡会更多。

经过多位专家的分析认为，这种死亡与泥鳅苗种特有的习性相关，这也就是为什么要进行苗种培育的重要原因。对于那些体长1.5～2.5厘米的小鳅苗，由于它们刚完成体型结构的变态发育，卵黄囊消失后，它们的营养也由外来的食物进行补充，也就是说小泥鳅进入了食性的转变阶段，这时它们对外界环境的适应能力还比较差，摄食能力也比较差，如果这时候出塘放养，一方面不能充分捕食水体中的营养,同时也不能有效地抵御敌害生物的侵袭,容易引起大量死亡;体长3～5厘米的中等规格鳅种,对外界环境的适应能力已明显加强,已能适应人工饲料,这种规格的鳅种已具钻泥习性,但钻泥不深,容易起捕,这时出塘放养比较理想。体长8厘米的大鳅种,对外界的适应能力很强,但是活动能力也很强,受惊吓后会钻入较深的泥土层,给起捕出塘造成困难,且在捕捞过程中极易受伤,受伤后又易感染细菌而生病死亡。因此,3～5厘米的鳅种放养效果最好,成活率高,比较大规格的鳅种还要便宜、实惠。

## 316. 如何选择苗种培育场地?

养殖场所应水源充足,排水方便,能自灌自排,水质清新良好、无污染,背风向阳、阳光充足,环境安静,交通便利,供电正常,池底土以黏土带腐殖质为最好,不宜使用沙质底。

## 317. 泥鳅苗培育池有哪几种?

最好采用专用泥鳅苗培育池,也可采用在稻田或池塘里开挖的鱼沟、鱼溜或利用孵化池、孵化槽、产卵池及家鱼苗种池进行鳅苗培育。专用的培育池可以是水泥池,也可以是土池。通过实践证明,土池培育比水泥池好,水泥池铺土培苗比不铺土好。因为底层土壤有利于加速水体的物质循环,使各种营养物质得到充分利用,有利于底栖生物的生长繁殖。

## 318. 水泥鳅苗培育池应具备哪些要求?

为管理方便,鳅苗培育池可选用水泥池,按设计先挖好土池,然后将小土池的四周池壁用水泥板或砖砌水泥抹面,即成培养鳅苗的水泥池。池深80～120厘米,水深40～60厘米,面积以50～100米$^2$为宜。池底用水泥抹平或石渣夯实,上铺20厘米厚的用等量猪粪和淤泥拌匀后堆放发酵而成的腐殖土或10～15厘米黏土层，在排水口附近挖1米$^2$左右、深20厘米的集水坑，面积占水泥池面积的5%，以利于捕捞。池中投放浮萍，覆盖面积约占总面积的1/4。

## 319. 简易鳅苗培育土池应具备哪些要求?

池塘挖成后应把池壁和池底夯实，以防渗漏，泥鳅善钻洞逃逸，因而鱼池面积要小些，以200～500米$^2$，最大不超过1 000米$^2$为宜，池塘四周高出地面30厘米，池埂坡度60°～70°，池深60～90厘米。进、排水口用三合土或水泥结构建成，池底铺30厘米左右的厚塘泥，培肥水质。池底最好开50厘米宽、200厘米长、30厘米深的浅沟若干，供泥鳅栖息、避暑防寒和捕捞之用。池中投放浮萍，覆盖面积约占总面积的1/4。

## 320. 鳅苗培育池需要建设防逃设施吗?

土池的四周可用50厘米×50厘米水泥板做护坡，用铁丝网、塑板、瓷板或尼龙网防逃，以防蛇、鼠等敌害进入养殖区。进、排水口用120目网布包裹，防止泥鳅逃跑及敌害生物和野杂鱼鱼卵、苗种进入池塘。

## 321. 鳅苗培育池的进、排水设施应具备哪些要求?

进、排水口呈对角线设置，进水口高出水面20厘米，排水口设在鱼溜底部，并用PVC管接上以高出水面30厘米，排水时可通过调节PVC管高度任意调节水位，进、排水口要安装防逃设施。

## 322. 鳅苗培育时，如何设置鱼溜?

为方便捕捞，池中应设置与排水底口相连的鱼溜，也就是收集泥鳅的坑，面积约为池底面积的5%，比池底深30～50厘米，鱼溜四壁用木板围住或用水泥砖石砌成。

## 323. 鳅苗放养前为什么要进行清塘处理？

放养鳅苗前对水泥池和土池都须进行清塘处理，以杀灭潜伏的细菌性病原体、寄生虫、对鳅不利的水生生物（青泥苔、水草）、水生昆虫和蝌蚪等敌害生物，减少鳅苗病虫害发生和敌害生物的伤害。

## 324. 水泥池如何清池？

先注入少量水，用毛刷带水洗刷全池各处，再用清水冲洗干净后，注入新水，用10毫克/升漂白粉混悬液或10毫克/升高锰酸钾溶液泼洒全池，浸泡5～7天后即可使用。新建的水泥池必须先用硫代硫酸钠进行“脱碱”，用清水浸泡15天后试水确认无毒时才能放养鱼苗。

## 325. 土池如何清塘？

池塘堤埂必须坚实，无渗漏缝眼，以防止幼苗逃出或其他鱼苗蹿入池内造成危害。土池清塘前必须先修整池塘，在泥鳅放养前半个月，翻耕并清除过多淤泥，推平池底，夯实堤壁，修补裂缝，查洞堵漏，随后阳光暴晒1周。清塘在放养前7～10天进行。按每667米$^2$用60～75千克生石灰的量，将生石灰分别放入小坑中，注水化成石灰浆，均匀泼洒全池，再将石灰浆与泥浆混合均匀，以增强效果，翌日注入新水，7～10天后即可放养。用生石灰清塘，可清除病原菌和敌害，减少疾病，还有澄清池水、增加池底通气条件、稳定池水酸碱度和改良土壤的作用。

用生石灰、漂白粉交替清塘（每667米$^2$用生石灰75千克，漂白粉6～7千克）比单独使用漂白粉或生石灰清塘效果好。

## 326. 如何培肥水质？

清塘后1周注入新水，注入的新水要过滤，加水至30厘米深时，施基肥来培养饵料生物，每10米$^3$水体施入发酵鸡粪3千克或猪、牛、人粪5千克，也可以每立方米水体施入氮肥7克，磷肥1克。

鳅苗下水以前必须先用鳅苗试水，证实池水毒性完全消失、透明度在15～20厘米、水色变绿变浓后才能投放鳅苗。

## 327. 鳅苗来源有哪些要求？

鳅苗要来源于国家级、省级良种场或专业性鱼类繁育场，外购鳅苗应检疫合格。

## 328. 如何判别鳅苗的质量？

鳅苗质量的优劣可以从以下几方面来判别。

一是了解该批苗繁殖中的受精率、孵化率。一般受精率、孵化率高的批次，鳅苗体质较好；受精率、孵化率较低的批次，鳅苗的体质也就弱一点，培育时的死亡率也会高一点。

二是从鳅苗的体色与体型上来看，好的鳅苗体色鲜嫩，体型匀称、肥满，大小一致，游动活泼有精神；而体质较弱的鳅苗体色暗淡，体型较小，嘴尖，瘦弱，活动无力，常常靠边游动。

三是人为检查，就是在孵化池中取少量鳅苗，放在白瓷盆中，盆中放孵化池里的水约2厘米，这时用嘴轻轻地吹动水面，观察鳅苗的游动情况，那些奋力顶风、逆水游动的，沥去水后在盆底剧烈挣扎、头尾弯曲度大的，其活力就强，是优质苗；随水波被吹至盆边盆底，挣扎力度弱或仅头、尾略扭动的则是劣质鳅苗。

## 329. 鳅苗放养前需如何处理？

鳅苗并不是一孵化出后就能立即下塘的，根据鳅苗的特性，鳅苗出膜第二天便开口进食，饲养3～5天，体长7毫米左右，此时卵黄囊消失，它们必须营外源性营养，能自由平泳时，可下池进入苗种培育阶段。鳅苗放养前，须先在同池网箱中内暂养半天，并喂1～2个蛋黄。向网箱内放入鳅苗时，水温差不超过3℃，并须在网箱的上风头轻轻放入。经过暂养的鳅苗方可放入池塘，以提高放养的成活率。

## 330. 鳅苗何时放养最适宜？

泥鳅苗下塘时间为每年5月份，放苗以上午8～9时或下午4～5时最适宜，避免中午放苗。同一池应放同一批相同规格的鳅苗，以防大鳅吃小鳅，确保苗种均衡生长和提高成活率。

## 331. 鳅苗放养量应如何确定？

鳅苗的放养密度，在水深30厘米的静水池为750～1 000尾/米$^2$。有半流水条件的(如孵化池、孵化槽等)可放养1 500～2 000尾/米$^2$。

## 332. 鳅苗放养时要注意哪些事项？

放苗时盛苗容器内的水温与池水水温差距不能超过3℃，如泥鳅苗种用尼龙袋充氧运输，则应在放苗下塘前做“缓苗”处理，将充氧尼龙袋置于池内20分钟，待充氧尼龙袋内外水温一致时，再把苗种缓缓放出。

## 333. 如何用豆浆培育鳅苗？

在水温为25℃左右时，将黄豆浸泡5～7小时(以黄豆两片子叶中间微凹时出浆率最高)，然后磨成浆。一般每1.5千克黄豆可磨成25千克豆浆。豆浆磨好后应立即滤渣，及时泼洒，不可搁置太久，以防产生沉淀，影响效果。

鳅苗下塘后的最初几天，即鳅苗从内源性营养转换到外源性营养过程中能否及时摄食适口的饵料是决定鳅苗成活率的关键。豆浆可以直接被鳅苗摄食，且其大部分沉于池底可作为肥料培养浮游动物。因此，豆浆最好采取少量多次均匀泼洒的方法，泼洒时要求池面每个角落都要泼到，以保证鳅苗摄食均匀。一般每天泼洒2次，泼浆时间为上午8～9时和下午4～5时，每次每667米$^2$用黄豆3～4千克，5天后增至5千克。10天后鳅苗的投喂量视池塘水质情况适当增加。

豆浆培育鳅苗方法简单，水质肥而稳定，夏花体质强壮，但消耗黄豆较多。一般育成全长30毫米左右的1万尾夏花，需消耗黄豆7～8千克。

使用豆浆培育法时，鳅苗下塘后，池中浮游动物少，鳅苗生长不快，所以应在鳅苗下塘前5～6天施基肥，使鳅苗做到肥水下塘，以弥补豆浆培育法的不足，提高鳅苗培育的效果。

## 334. 如何用粪肥培育鳅苗?

利用各种粪肥培育鳅苗时，最好预先经过发酵，滤去渣滓。这样既可以使肥效快速、稳定，又利于减少疾病的发生。

鳅苗下塘后应每天施肥1次，每667米$^2$水面用50～100千克，将粪肥对水向池中均匀泼洒。培育期间施肥量和间隔时间必须视水质、天气和鳅苗浮头情况灵活掌握。培育鳅苗的池塘，水色以褐绿色和油绿色为好，肥而带爽为宜，如水质过浓或鳅苗浮头时间长，则应适当减少施肥，并及时注水。如水质变黑或天气变化不正常时应特别注意，除及时注水外还应注意观察，防止泛池事故发生。

## 335. 如何用有机肥料和豆浆混合培育鳅苗？

这是一种使用粪肥或大草和豆浆相结合的混合培育方法。其技术关键如下。

**(1)施足基肥** 鳅苗下塘前5～7天，每667米$^2$施有机肥250～300千克，以培育浮游生物。

**(2)泼洒豆浆** 鳅苗下塘后每天每667米$^2$泼洒2～3千克黄豆磨成的豆浆，下塘10天后鳅苗长大需增投豆饼糊或其他精饲料。豆浆的泼洒量亦需相应增加。

**(3)适时追肥** 一般每3～5天每667米$^2$追施有机肥160～180千克。

此种方法使鳅苗下塘后既有适口的天然饵料，同时又辅助投喂人工饲料，使鳅苗一直处于快速生长状态。在饵、肥料利用上亦比较合理与适量，方法灵活，便于掌握，成本适当，因而使用比较广泛。

## 336. 鳅苗在培育时如何投喂饲料？

在用黄豆、粪肥等培养天然饵料或直接投喂鳅苗时，必须注意对下塘后的鳅苗进行科学投喂。

刚下池的鳅苗，对饲料有较强的选择性，因而需培育轮虫、小型浮游植物等适口饵料，用50目标准筛过滤后，沿池边投喂，并适当投喂熟蛋黄水、鱼粉、奶粉、豆饼等精饲料，每天3～4次，每次每万尾投喂1/4个蛋黄。10天后鳅苗体长达到1厘米时，已可摄食水中昆虫、昆虫幼体和有机物碎屑等食物，可用煮熟的糠、麸、玉米粉、麦粉、豆浆等植物性饲料，拌和剁碎的鱼、虾、螺蚌肉等动物性饲料投喂，每天3～4次，也可继续肥水养殖。

当鳅苗养至1.5～2厘米时，其呼吸由鳃呼吸逐步转为兼营肠呼吸，如果鳅苗吃食太饱，肠道充满食物，往往因呼吸不畅造成鳅苗大批死亡，因此要采取两段饲养法，前期采取肥水与投饵交叉的方法；后期则以肥水为主，适当投喂动物性饵料，以利于肠呼吸功能的形成。同时，在饲料中逐步增加配合饲料的比重，使之逐渐适应人工配合饲料。饲料应投放在距池底 5 厘米左右的食台上，切忌撒投。初期日投喂量为鳅苗总体重的 2%～5%，后期为 8%～10%，每天投喂 2 次，每次投喂要使鳅种在 1 小时内吃完。泥鳅喜肥水，应及时追施肥料，可施鸡、鸭粪等有机肥，用编织袋装入浸于水中；还可追施化肥，水温较低时可施硝酸铵，水温较高时可施尿素。平时应做好水质管理，及时加注新水，调节水质。

## 337. 培育鳅苗时如何调节水质？

鳅苗下塘时，池水以 50 厘米深为宜，并要不断调节水质。保持泥鳅养殖池良好水质的重要措施之一是加注新水，刚下池的鳅苗，池水通常保持在 40～50 厘米。经过若干天饲养后，鳅体不断长大，应每隔 5～7 天加注 1～2 次新水，每次加水 5 厘米左右，提高池塘水位。

注水的数量和次数，应根据具体情况灵活掌握，喂食前或喂食后 2～3 小时加水，加水前要清除池埂内侧的杂草，保持池塘水色“肥、活、嫩、爽”，水色以黄绿色为佳，透明度以 20～30 厘米为佳。要注意的是，每次加水时间不宜过长，以防鳅苗长时间戏水而消耗体力。

## 338. 如何控制鳅苗培育池水中的溶解氧？

增加池水的溶解氧，促使鳅苗生长发育，也是鳅苗培育过程中水质管理的一项重要内容。这是因为鳅苗在孵化后半个月左右即开始行肠呼吸以前，水中溶解氧必须充足，这时如果水中溶解氧不足，往往导致鳅苗因缺氧在一夜之间全部死亡。

判断和控制水体中溶解氧，最可靠的方法就是观察鳅苗的活动情况。如果鳅苗发生缺氧,会从水底慢慢地游到水面;如果溶解氧充足,鳅苗大部分在池底,而不会出现在水的中层和池壁上。因此,要根据鳅苗的状态,采取间歇式的加氧方式。这种方式虽然能控制鳅苗所需要的溶解氧,可较为费神费时。

使用延时控制器也可控制好溶解氧,其最大的好处就是设定好时间之后,可以让增氧机定时开、关机。可以采用冰箱上的延时控制器,通过将冰箱延时控制器接入增氧机,从而控制增氧机的开关。延时控制器在一般家电维修或电器销售处均有出售。

## 339. 鳅苗如何防暑与越冬?

**(1)防暑** 鳅苗生长适宜水温为22℃～28℃,33℃以上时死亡率急剧增加,达到36℃死亡率可达70%以上。由于鳅苗培育时已经接近盛暑期,所以在水温过高时,应注入新水和停止投喂,同时池上应搭荫棚用以遮阴。

**(2)越冬** 冬季水温下降至10℃时鱼种停食,水温下降至5℃时进入冬眠,越冬池封冰前水深应保持在1.5米以上。鱼种的越冬密度为每立方米水体0.75千克。

## 340. 鳅苗培育时的其他管理工作还有哪些?

**(1)加强巡塘** 鳅苗培育期间,坚持每天早、中、晚各巡塘1次,观察泥鳅活动和水色变化情况,发现问题及时处理。第一次巡塘应在凌晨,如发现鳅苗群集在水池侧壁下部,并沿侧壁游到中、上层(很少游到水面),这是池中缺氧的信号,应立即换水;午后的巡塘工作主要是查看鳅苗活动的情况、勤除池埂杂草;傍晚巡塘检查水质,并做好记录。

**(2)定期预防病害** 饵料投喂要科学,勤打扫、清洗食台,做好食台、工具等的消毒工作,定期投喂预防鳅病的药物。

**(3)防敌害** 鳅苗培育时期天敌很多,如野杂鱼、蜻蜓幼虫、水蜈蚣、水蛇、水老鼠等，特别是蜻蜓幼虫危害最大。由于泥鳅繁殖季节与蜻蜓相同，在鳅苗池内不时可见到蜻蜓飞来点水(产卵)，其孵出幼虫后即大量取食鳅苗。防治方法主要依靠人工驱赶、捕捉。有条件的在水面搭网，既可阻隔蜻蜓在水面产卵，又可起到遮阴降温的作用。同时，在注水时应采用密网过滤，防止敌害进入池中。发现蛙及蛙卵要及时捞除，由于青蛙是有益动物，建议不要将其杀死，也不要将蛙卵捞出随便扔在塘埂上，这样会导致大量蛙卵死亡，正确的方法是将青蛙和蛙卵用盆带水装好，送到另外的水池或稻田里，让它们发挥有益作用。

## 341. 鳅种培育的目的是什么？

当泥鳅苗经过一段时间的精心培育后，大部分长成了 3 厘米左右的夏花鱼种，这时就要及时进行分养，进入鳅种的培育阶段。这样做的目的主要是避免鳅种密度过大和生长差异扩大，影响鳅种继续生长。

## 342. 如何准备鳅种培育池？

鳅种培育池和鳅苗培育池基本一样，要预先做好清塘修整铺土工作，并施基肥，做到肥水下塘。只是面积可以略大一点，水泥池面积最大不宜超过 200 米$^2$，土池面积最大不宜超过 1 200 米$^2$，水深保持在 40～50 厘米。为了捕捞方便，建议用水泥池进行培育。

培育池的清塘消毒工作不可忽视，一定要做好消毒工作，以杀灭病害。每 100 米$^2$ 用生石灰 10 千克对水进行清塘消毒，方法是在池中挖几个浅坑，将生石灰倒入加水化开，趁热全池均匀泼洒。澄清一夜后，翌日用耙将塘泥与石灰耙匀，效果会更好，然后放水 70 厘米左右，待 1 周左右药性消失后即可放养鳅种。

## 343. 在鳅种培育过程中，如何培肥水质？

鳅种培育应采用肥水培育的方法。在鳅种放养1周前，适量施入有机肥料用于培育水质，生产活饵料。待生石灰药力消失，放苗试水，1天后无异常，且轮虫密度达4～5只/毫升时，即可放苗。

鳅种培育期间，也需要根据水色适当追肥，以继续培肥水质，可采用腐熟的有机肥对水泼浇。也可将有机肥在塘角沤制，使肥汁慢慢渗入水中。或用麻袋或饲料袋装上有机肥，浸于池中作为追肥，有机肥的用量为0.5千克/米$^2$左右。如池水太瘦，可追施尿素（化肥应尽量控制使用），在晴天上午9～10时施用，方法是少量多次，以保持水色呈黄绿色的适当肥度。

## 344. 鳅种放养时有哪些要求？

放养的夏花要求规格整齐、体质健壮，无病、无畸形，体长3厘米以上。如果是外购泥鳅夏花应经检疫合格后方可入池。在放养时一定要注意，同一池中放养的鳅种，其规格要整齐一致。

## 345. 如何拉网检查自行培育的鳅种质量？

如果是自己培育的夏花鳅种，也要在放养前进行拉网检查，判断其活力和质量，具体做法是：先用夏花鱼网将泥鳅捕起集中到网箱中，再用泥鳅筛进行筛选，泥鳅筛长和宽均为40厘米，高15厘米，底部用硬木做栅条，四周以杉木板围成。栅条长40厘米、宽1厘米、高2.5厘米。也可用一定规格的网片做成，网片应选择柔软的材料加工。在操作时动作要轻巧，避免伤苗。发觉鳅苗体质较差时，应立即放回池中强化饲养2～3天后再起捕。如果质量较好，活力很强，即可准备放养。

## 346. 如何检验外来鳅种的质量?

如果是外购的鳅种,则更需进行质量检验,检验方法如下。第一种方法是将鳅种放在鱼桶中或水盆中,加入本塘的水,然后用手掌在里面轻轻用力搅动水流,使盆里的水成漩涡状,这时进行观察,如果绝大部分鳅种能在漩涡边缘溯水游动且动作敏捷的就是优质鳅种;如果绝大部分鳅种被卷入漩涡中央部位,随波逐流,游动无力的就是弱种或劣质鳅种,坚决不要购买。第二种方法是将待选购的鳅种捞取适量,放在白瓷盆中,盆中仅仅放 1 厘米左右深的水,看鳅种在盆底的挣扎程度,如果扭动剧烈、头尾弯曲厉害、有时甚至能跳跃的为优质苗;如果鳅种贴在盆边或盆底,挣扎力度弱或仅头、尾略扭动者为劣质苗,也不宜选购。

还有一点要注意的是,应注意观察专门暂养鳅种网箱,如果网箱很多,那就说明这些鳅种在网箱中暂养时间过久,会因营养供给不足而消瘦、体质下降,这种鳅种不宜做长途转运,也不宜购买。

## 347. 如何确定培育鳅种时的放养密度?

基肥施放后 7 天即可放养。用土池培育鳅种时,一般放养密度为 200～300 尾/米$^2$,还可少量放养滤食性鱼类如鲢、鳙鱼等。用水泥池培育鳅种的,每平方米放养 500～800 尾,有流水条件的,放养密度可加倍。

## 348. 培育鳅种时如何准备饵料?

除用施肥的方法增加天然饵料外,还应投喂人工饵料,如鱼粉、鱼浆、动物内脏、蚕蛹、猪血(粉)、孑孓幼虫等动物性饲料及谷物、米糠、大豆粉、麦麸、蔬菜、豆腐渣、酱油粕等植物性饲料,以满足泥鳅生长所需要的营养和能量,促进泥鳅的健康生长。

在放养后 10～15 天内开始撒喂粉状配合饲料,几天之后将粉状配合饲料调成糊状定点投喂。要逐步增加配合饲料的比重，使之完全过渡到适应人工配合饲料，配合饲料蛋白质含量为30%，人工配合饲料中动物性和植物性原料的比例为7∶3，用豆饼、菜饼、鱼粉（或蚕蛹粉）和血粉配成。水温升高至25℃以上时，饲料中动物性原料可提高至80%。

## 349. 鳅种培育时如何确定投饵量？

日投饵量随水温高低而有变化。通常为在池泥鳅总体重的3%～10%，最多不超过10%。水温在20℃～25℃时，饵料的日投饵量为泥鳅体重的2%～5%；水温在25℃～30℃时，日投饵量为在池泥鳅总体重的5%～10%；水温在30℃以上或低于12℃，则不喂或少喂。

## 350. 鳅种培育时如何科学投饵？

放养后实行“定质、定量、定时、定位”的投饵制度，将饵料搅拌成软块状，投放在食台中，把食台沉到距池底3～5厘米处，切忌散投。每天上、下午各投喂1次，上午投喂30%，下午投喂70%。经常观察泥鳅摄食情况，以1～2小时内吃完为好。另外，还要根据天气变化情况及水质条件、水温、饲料性质、摄食情况酌情适当调整投饵量。

## 351. 鳅种培育时的其他日常管理工作还有哪些？

经常清除池边杂草，检查防逃设施有无损坏，发现漏洞及时抢修。每天观察泥鳅摄食情况及活动情况，发现鱼病及时治疗。定期测量池水透明度，通过加注新水或施追肥调节，保持透明度在15～25厘米。定期泼洒生石灰，使池水成5～10毫克/升的浓度。

# 十、泥鳅的捕捞与运输

## 352. 为什么说泥鳅的捕捞很重要?

养殖泥鳅要学会捕捞的方法,捕捞泥鳅,是养殖泥鳅中必须要做的一项工作。由于泥鳅不像其他鱼类容易捕捞,为了提高工作效率,使养殖的成品泥鳅在上市时卖一个好价钱,同时保证种鳅和鳅苗不受损伤,故必须用好的方法来捕捞它们。虽然常用的捕捞方法很多,但是应根据实际情况采取合理有效的捕捞方法,方能取得较好的效果。

## 353. 泥鳅何时捕捞为宜?

当泥鳅每尾长至15～20克时,便可起捕上市。成鳅一般在10月份开始捕捞,原则是捕大留小,宜早不宜晚,以防天气突变,成鳅钻入泥土中不易捕捞。在收捕前应经常测温,北方地区泥鳅的收捕温度应在15℃以上。

## 354. 如何用食饵诱捕泥鳅?

诱捕泥鳅是常用且有效的捕捞泥鳅的方法,根据诱饵的不同,也可将泥鳅的诱捕分为几类,各具特色,效果都很明显。

如把煮熟的猪、牛、羊骨头以及炒米糠、麦麸、蚕蛹与腐殖土等混合,装入麻袋、地笼、小型网具或其他鱼笼中,袋上要开些孔,傍晚沉入池底,用其香味引来泥鳅钻入,翌日太阳升起之前取出,一夜时间可捕捞大量泥鳅。实践表明,装食饵的麻袋等选择在下雨前沉入池底最好,在饵料和香味散失后,要重新装上饵料,经过多次捕捞约可捕到池中80%的泥鳅。

## 355. 如何用盆装食饵诱捕泥鳅？

一种方式是将辣椒粉、米糠混合炒香后用泥浆拌和装进脸盆里，晚上将脸盆埋在塘里，翌日泥鳅就会钻满脸盆。

还有一种方法是在盆内放上一些煮熟的猪、羊骨头，用布盖严后，将绳子沿盆边扎紧系牢，在盖布的中间部位开一个与泥鳅身体粗细相等的小孔，傍晚时把盆安放在池塘的泥中，使盆口与塘底面平齐，泥鳅闻到香味后，便会顺孔钻入盆内。

## 356. 如何在稻田中用食饵诱捕泥鳅？

稻田中养殖的泥鳅，可以用两种方式来诱捕。一是选择晴天用炒米糠或蚕蛹放在深水坑处诱集泥鳅后再捕捞。诱捕前应在傍晚把稻田里的水慢慢放干，再将诱饵装入麻袋或鱼笼内沉入深坑，此法在 4 月下旬至 5 月下旬的中午使用，效果较好，在 8 月份的夜间使用，效果也较理想。二是用晒干的油菜秆，浸没于田侧沟道中，待油菜秆逸出甜质香味来，泥鳅闻味而聚，此时便可围埂捕捞。

## 357. 如何用竹篓诱捕泥鳅？

准备 1 只口径 20 厘米左右的竹篓，另取 2 块纱布用绳缚于竹篓口，在纱布中心开一直径 4 厘米的圆洞；取 10 厘米左右长的布筒，一端缝于 2 块纱布的圆孔处，纱布周围也可缝合，但须留一边不缝，以便放诱饵。将菜籽饼或菜籽炒香研碎，拌入在铁片上焙香的蚯蚓（焙时滴适量白酒）即成诱饵。将诱饵放入 2 层纱布中，蒙于竹篓中，使中心稍下垂（不必绷直）。傍晚将竹篓放在有泥鳅的田、池、库或沟渠中，翌日早上收回。此法在闷热天气或雷雨前后使用，效果最佳。竹篓口顺着水流方向放，一次可诱捕数十条甚至几百条泥鳅，而且泥鳅不受伤，可作为养殖用的种苗。

## 358. 如何用草堆诱捕泥鳅？

将水花生或野杂草堆成小堆，放在岸边或塘的四角，过 3～4 天用网片将草堆围在网内，将两端拉紧，使泥鳅无法逃出，将网中的草捞出，泥鳅便落在网中。草捞出后仍堆放成小堆，以便继续引诱泥鳅钻进草堆然后捕捞。本法适合诱捕水库、池塘、沟渠以及石缝、深泥中的泥鳅。

## 359. 如何用鱼篓诱捕泥鳅？

在鱼篓中放入麦麸、糠、土豆、动物内脏等泥鳅饵料，在捕捉过程中，要不断地改善诱饵质量，使其更适合泥鳅的口味。可在诱饵中加入香油、烤香的红蚯蚓或用葵花籽饼拌韭菜、炒香的麦麸、米糠等作为诱饵。

## 360. 诱捕泥鳅时要注意哪些问题？

一是诱食饵料一定要投其所好，选择泥鳅喜欢吃的饵料，主要是一些有浓郁腥味的蛋白质饵料。

二是要掌握泥鳅习性，根据它多在夜间摄食的习性，把诱捕时间重点放在夜间，诱捕效果比白天好。

三是掌握诱捕温度，水温在 25℃～27℃时泥鳅食欲最盛，此时诱捕效果较好；水温超过 30℃或低于 15℃，泥鳅食欲减退，效果较差。

四是在产卵期和生长盛期时，也有泥鳅在白天摄食，故白天也可引诱捕捞。

## 361. 如何用拉网捕捞泥鳅？

对于养殖密度较高的池塘，可以用捕捞家鱼鱼苗、鱼种的池塘拉网，或专门编织起来的拉网扦捕池塘养殖泥鳅。作业时，先清除水中的障碍物,尤其是专门设置的食场木桩等,然后将鱼粉或炒米糠、麦麸等香味浓厚的饵料制成团状的硬性饵料,放入食台作为诱饵,等泥鳅上食台摄食时,下网快速扦捕泥鳅,起捕率较高。

## 362. 如何用敷网聚捕泥鳅?

这是在泥鳅摄食旺盛季节捕捞养殖泥鳅的好方法,将敷网铺设在食台底部,当投喂后泥鳅便集群摄食,此时提起网片即可捕获。这种捕捞方法简便,起捕率高。

## 363. 如何用罾网捕捞泥鳅?

罾网捕捞养殖泥鳅有罾诱和冲水罾捕 2 种作业方式,不同的方式效果也不一样,可以根据具体条件决定采取哪种方式。罾是一种捕捞水产品的专用工具,呈方形,用聚乙烯网片制成,网目 1 厘米左右,网片面积 1～4 米$^2$,四角用弯曲成弓形的两根竹竿呈十字形撑开,交叉处用绳子和竹竿固定,用以作业时提起网具。

罾网诱捕,就是预先在罾网中放上诱饵,按每 667 米$^2$ 放 10 只左右的量将罾放入泥鳅养殖水域。放罾后,每隔 0.5～1 小时,迅速提起 1 次,即可收获泥鳅,捕捞效果较好。

冲水罾捕,就是在靠近进水口的地方敷设好罾,罾的大小可依据进水口的大小而定(为进水口宽度的 3～5 倍)。然后从进水口放水,受到微流水刺激后,泥鳅就会逐渐聚集到进水口附近,待一定时间后,即将罾迅速提起而捕获泥鳅。

## 364. 如何用笼式小张网捕捞泥鳅?

笼式小张网一般呈长方形,在一端或两端装有倒须或漏斗状网片装置(用聚乙烯网布做成),四边用铁丝等固定成形,宽 40～50 厘米,高 30～50 厘米,长 1～2 米,两端呈漏斗形,口用竹圈或铁丝固定成扁圆形,口径约 10 厘米。作业时,在笼式小张网内放置蚌、螺肉、煮熟的米糠、麦麸等做成的硬粉团，将网具放入池中，667 米$^2$ 大小的池塘放 4～8 只网，每 1～2 小时收获 1 次，连续作业几天，起捕率可达 60%～80%。捕前如能停食 1 天，并在晚上诱捕作业，则效果更好。

## 365. 如何用套张网捕捞泥鳅？

在有闸门的池塘可用套张网捕捞养殖泥鳅，网具呈方锥形，由网身和网囊两部分组成，多数用聚乙烯线编织而成，网囊网目在 1 厘米左右，网口大小随闸门大小而定，网长为网口径的 3～5 倍。套张网作业应在泥鳅入冬休眠以前，且以泥鳅摄食旺盛时最好。作业时，将套张网固定在闸孔的凹槽处，开闸放水，随着水从排水口流出，泥鳅慢慢集中到集鱼坑中，并有部分随水流出到张网中，再用水冲集鱼坑使泥鳅集中于张网中。若池水能一次排干，起捕率较高。若池水排不干，起捕率低些，可以再注入水淹没池底，然后停止进水，再开闸放水，每次放水后提起网囊取出泥鳅，反复几次，起捕率可达 50%～80%。如是在夜间作业，捕捞效果更好。

## 366. 如何用手抄网捕捞泥鳅？

主要用于鳅种的捕捞，也可用于成鳅的日常捕捞。捕捞鳅种可直接用手抄网于塘边捞取，捕成鳅最好先用饲料引食，再用抄网捕捞。

手抄网为三角形，由网身和网架构成。网身长 2.5 米，上口宽 0.8 米，下口宽 2 米，中央呈浅囊状。网目的大小视捕捞对象而定，捕鳅种的网采用每平方厘米 20～25 目的尼龙网布制成，捕成鳅的网可用密眼网布剪裁。可在捕捞前 3 天把水慢慢排干，将池底划成若干小块，中间开排水沟，使泥鳅向沟中集中，然后用手抄网捕捞。对潜入泥中的泥鳅，可翻泥捕捉。

## 367. 如何用流水刺激捕捞泥鳅？

在池塘靠近进水口底部，铺一层鱼网作为捕捞工具，鱼网不宜太小，一般为进水口宽度的3～4倍。由于泥鳅的个头不是太大，因此网目为1.5～2厘米即可，4个网角结绑提绳，先在出水口处排去部分池水，在排水的同时不断向池中注入新水，给泥鳅以微流水刺激，由于泥鳅具有逆水上溯逃逸的特性，故此时泥鳅会慢慢群聚到进水口附近，此时将预先设好的网具拉起，便可将泥鳅捕获。此法适于在水温为20℃左右，泥鳅爱活动时进行，经过多次捕捞约可捕到池中90%的泥鳅。

## 368. 如何用排水捕捞法捕捞泥鳅？

这是捕捞泥鳅最彻底的一种方法，通常是在立秋后水温下降至20℃以下时采用，此时泥鳅的摄食量较少，生长活动减弱，而且也没有钻入泥中过冬。当然在采取其他捕捞措施后，还会有一点剩余时，也可采取这种干塘捕捉的方法。这种方法操作简单，但劳动强度较大。首先排干养鳅池塘中的水，然后根据成鳅池的大小，在池塘四周开挖一圈宽50厘米、深35厘米的排水沟，再在池底纵横开挖几条宽40厘米、深25～30厘米的排水沟，与池塘四周的排水沟相连通，在排水沟附近挖坑，这样做的目的是保证池底表面的水分能快速沥干到排水沟中，所有的余水都在沟、坑内聚积，泥鳅也就会随着水流慢慢地聚集到沟、坑内，这时可用抄网捕捞。如果池塘面积较大，一次难以捕净时，可缓缓地进水并淹没池底一个晚上，翌日上午再慢慢放水，直到池塘表面没有水，只剩沟、坑内有水时，再用抄网捕捞，这样经过2～3次，基本上就可以捕净池中的泥鳅。

## 369. 干田捕捞泥鳅如何操作?

就是放干稻田里的水来达到捕捞泥鳅的目的,这是稻田养殖泥鳅时的捕捞方法之一,一般是在深秋水稻成熟时或收割后进行,如果稻田里没有水,泥鳅基本上会钻入田泥中所留的洞穴里,这时就可采取两种方法来捕捞,一是翻泥掘土将泥鳅捕获,第二种就是先放一部分水刺激一下,过 24 小时后,再将水放出即可以达到捕捞的目的。

对于稻田里的水,先慢慢地将田水排干,让稻田表面露出,这时泥鳅就会顺着水流慢慢地游到鱼沟或鱼溜内栖息,这时用抄网就可以将泥鳅捕出,如果一次捕捞不净,可以多捕捞几次。有的养殖户会将田水直接放干,使泥鳅集中到沟土裸露处,然后用手捕捉,这种方法不建议采用,因为一是会对泥鳅造成损伤,二是劳动强度太大。

## 370. 如何袋捕泥鳅?

袋捕泥鳅是捕捞泥鳅方法中的一种,效果很好,简单实用。这种方法是利用泥鳅的生活特性来达到捕捞的效果,由于泥鳅有寻觅水草、树根等隐蔽物栖息和在此处寻食的习性,故可用麻袋、聚乙烯布袋等,在袋内放一些破网片、树叶、水草、稻草等,使其鼓起,同时放入泥鳅喜欢的诱饵,放在水中诱捕泥鳅进入袋内,定时提起袋子就可以捕获泥鳅。具体操作方法是:在泥鳅达到捕捞规格时,选择晴朗天气,先将池塘里的水放至 3 厘米左右深,或将稻田里的水位排出至表面出现鱼沟、鱼溜,保持 2 天左右,再将池塘或稻田中的鱼溜、水沟中的水慢慢放完,待傍晚时再将水缓缓注回鱼溜、水沟,同时将准备好的捕鳅袋放入鱼沟、鱼溜中。袋内的饵料必须要香、腥而且是泥鳅特别喜欢的,一般由炒熟的米糠、麦麸、蚕蛹粉、鱼粉等与等量的泥土或腐殖土混合后做成粉团并晾干,也可用聚乙烯网布包裹饵料。在将捕鳅袋放入鱼沟、鱼溜前，就要把饵料包或面团放入袋内，闻到浓郁的香味后，泥鳅就会寻味而至，钻到袋内觅食，此时即可捕捉。

袋捕泥鳅的效果与捕捞时间有一定的关系，据实践表明，这种方法在4～5月份使用时，在白天捕捞效果最好。而在8月份以后至入冬前使用时，应在夜晚放袋，翌日清晨太阳尚未升起之前取出，效果最佳。

在生产实践中，一些养殖户发现，如果手头上没有现成的麻袋时，也可以就地取材，可把草席或草苫剪成60厘米长、30厘米宽，然后将配制好的饵料团包置在草席里面，再把草席或草苫两端扎紧，中间微微隆起，放入池塘或稻田中，上部稍露出水面，再铺放些杂草等物，泥鳅就会到草席内摄食，同样也能捕到大量泥鳅。

## 371. 如何笼捕泥鳅？

这是一种比较有效的泥鳅捕捞方法，捕捞的泥鳅成活率高、无损伤。该方法使用一种专门用来捕捞泥鳅的须笼，它与黄鳝笼很相似，是用竹篾编成的，长30厘米左右，直径约10厘米。一端为锥形的漏斗部，占全长的1/3，漏斗部的口径为2～3厘米，笼里面装有倒须(图7)。在笼子外面连有一根浮标，作为投放和收笼时的标志，浮标可用大块塑料泡沫或木块制成。在须笼中投放泥鳅喜食的饲料，然后放置于池边浅水区，泥鳅会因觅食而钻入笼中，数小时后提起笼子就可以捕获泥鳅。采取这种方法诱捕泥鳅时最好是在夜间进行，因为泥鳅多在夜间活动和觅食。如果是在闷热天气或雷雨前后使用，效果最佳。

图7　捕捉泥鳅的须笼

这种捕捞泥鳅的方法效果虽好，但也有其

弱点，就是受水温的影响较大，当水温超过30℃或低于15℃时，泥鳅食欲减退或停止摄食，此时诱捕效果较差。

## 372. 如何用药物驱捕泥鳅？其使用技巧有哪些？

药物驱捕泥鳅，虽然在各种水体中均可使用，但是在驱捕稻田养殖的泥鳅时，效果最好。此法是利用药物的刺激，造成泥鳅不能使用水体，强迫其逃窜到无药效区域中再集中捕捞。

最常使用而且效果最好的驱捕药物是茶枯，也就是茶叶榨取茶油后的残存物。其能产生药效的原因是茶枯中含有一种具有溶血作用的皂荚苷素，对水生生物有毒杀作用。

将新鲜的油茶枯饼放在柴火中烘烤3～5分钟，当茶枯饼微燃时取出，趁热将茶枯饼碾成粉末，再把碾好的茶枯放在水里制成团状，再浸泡3～5小时后就可以使用了。

根据长期的生产实践表明，在稻田中驱捕泥鳅时，茶枯的用量是每667米$^2$5～6千克。

驱捕时先将稻田内的水慢慢排出至刚好淹没泥表面时为止，然后在稻田的四角用稻田里的淤泥堆聚成斜坡，逐步倾斜并高于水面3～8厘米的鱼巢，巢面宽30～50厘米，面积为0.5～1米$^2$。鱼巢大小视泥鳅数量而定，面积较大的稻田，中央也要设泥堆。

施药宜在黄昏进行，将制泡好的茶饼对水后均匀地倾注在稻田里，但鱼巢处不施药。其后不能排水和注水，也不要在水中走动，在茶饼的作用下，泥鳅钻出田泥，遇到高出水面且无茶枯水的泥堆便钻进去。翌日早晨，将鱼巢内的水排完，扒开泥堆，就可以捕捉泥鳅。

如果对于那些排水口有鱼坑的稻田，可以不用另做鱼巢，直接在黄昏时从进水口方向向排水口逐步均匀倾注药液。应注意的是，在排水口鱼坑附近不要施药，这样才能将泥鳅驱赶到不施药的鱼坑内，第二天早晨用抄网在鱼坑中捕捞泥鳅即可。

此法效果好，成本低，在水温为 10℃～25℃时起捕率可达 90％以上。同时，可捕大留小，达到商品规格的泥鳅可上市出售，小泥鳅放回稻田或移到别处暂养，待稻田中的药效消失后（7 天左右）再将泥鳅放回该稻田饲养。

使用这种方法时要注意以下两点：一是药物必须随配随用；二是药物浓度要严格控制，倾注药物一定要均匀。

## 373. 泥鳅具有哪些适合运输的特点？

泥鳅对环境的适应性很强，非常适于运输，这是由它的身体特点而决定的。泥鳅与黄鳝、鳗鲡一样，有 3 种呼吸方法，除了所有鱼类都拥有的正常鳃呼吸功能外，还可以用它们的皮肤和肠管来进行呼吸。这是因为泥鳅的口腔和喉腔内壁表皮布满微血管网，在陆地上能通过口咽腔内壁表皮直接吸收空气中的氧气进行呼吸。一旦遇到水中溶解氧不足，它就浮到水面吞吸空气，在肠管内进行气体交换。在养殖过程中，如果遇到天气闷热时，常常会看到泥鳅在池塘里上蹿下跳，这就是由于池塘里溶解氧较少，导致泥鳅蹿到水面用肠管呼吸，因此泥鳅就是在溶解氧很低的水中也能正常生活，这种特性对于泥鳅的运输非常有用，它们在起捕后不易死亡，适合采用各种运输方式。

## 374. 泥鳅的运输可以分为几类？

**(1)按运输距离和时间分类** 泥鳅的运输按运输距离和运输时间来分，有短程运输、中程运输和远程运输。一般把运输时间在 10 小时以内或距离在 300 千米以内的运输称为短程运输；把运输时间在 10 小时以上、24 小时以内或距离在 300 千米以上、600 千米以内的运输称为中程运输；把运输时间在 24 小时以上或距离在 600 千米以外的运输称为远程运输。

**(2)按运输规格分类**　按泥鳅的规格来分有苗种运输、成品泥鳅运输、亲鳅运输等。泥鳅苗种运输相对要求较高，一般选用鱼篓和尼龙袋水运输较好；成鳅对运输条件的要求低些，除远程运输需要尼龙袋装运外，均可因地制宜地选用其他方法。

**(3)按运输方式分类**　按运输方式分为干法运输、带水运输、降温运输等。

**(4)按运输工具分类**　按运输工具分类可分为鱼篓鱼袋运输、箱运输、木桶装运、湿蒲包装运、机帆船装运或尼龙袋充氧装运等几种。

## 375. 在运输前为什么要检查泥鳅的体质？如何检查？

不论采用哪种装运方法，在运输前必须对泥鳅的体质进行检查，先将需要运输的泥鳅暂养1～3天，一方面观察它们的活性，另一方面可以及时将病、伤的泥鳅剔出，及时捞除死亡的泥鳅。要用清水洗净附着在泥鳅身体上的泥沙脏物和黏液，检查泥鳅体表是否受伤，还要重点检查其口腔和咽部是否有内伤，对于那些有外伤、头部有钩伤和躯体软弱无力的泥鳅，不宜运输，应就地销售。

## 376. 运输泥鳅前应做好哪些准备工作？

刚刚捕捞的泥鳅应进行消毒处理，可用3%～5%食盐水或10毫克/升二氧化氯溶液浸泡10～20分钟，然后放入水缸、木桶或小的水泥池暂养2～3天，一定要注意不能放在盛过各种油类而未洗净的容器中。在贮养期间需要经常换水，以便把刚起捕的泥鳅体表和口中污物清洗干净。开始时每30分钟换水1次，所换的水一般温差不得超过3℃，并应尽量与贮池的水质相同，不要用井水、泉水和污染的水。待泥鳅的肠内容物基本排净后，即可起装外运。另外，在装箱前，要用专用泥鳅筛过筛分级，同一鱼箱要求装运同一规格的泥鳅。

根据运输的距离和数量，选择合适的运输工具，在运输前一定要对运输工具和途中的用具进行认真检查，看是否完备，是否需要补充。

在运输前必须决定运输时间和运输路线，尽可能选择通畅的路线，用最短的时间到达目的地。尤其是幼鳅或亲鳅、种鳅的运输要求更高，不但到达目的地后要保证成活率，还要尽可能地保证其健康的生活状态，以利于后面的生产活动。

## 377. 什么是泥鳅的干湿法运输？如何操作？

干湿法运输又称湿蒲包运输，主要是利用泥鳅离水后，只要保持体表有一定湿润性，就可以通过口腔进行气体交换来维持生命活动，从而保持相当长时间不易死亡的这一特点来进行运输的。干湿法运输泥鳅有其特有的优势，一是需要的水分少，可少占用运输容器，减少运输费用，提高运载能力；二是还可以防止泥鳅受挤压，便于搬运管理，存活率可达95％以上。但要求组织工作严密，做到装包、上车船、到站起卸都必须及时，不能延误。

此法适用于泥鳅装运数量在500千克以下、在途时间24小时以内时。

具体运输方法是：将选择好的蒲包清洗干净，然后浸湿，目的是保持环境中有一定的湿度。将泥鳅装入蒲包里，每个蒲包盛装25～30千克为宜。将蒲包装入更大一点的容器中，便于运输，可将泥鳅装好后连包一起装入用柳条或竹篾编制的箩筐或水果篓中，加上盖，以免装运中堆积压伤。运输途中要做好保温和保湿工作，每隔3～4小时要用清水喷淋1次，以保持泥鳅皮肤具有一定湿润性，这对保证泥鳅通过皮肤进行正常呼吸是非常必要的。在夏季气温较高的季节运输时，可在装泥鳅的容器盖上放置整块机制冰，让其慢慢融化，冰水缓缓地渗透到蒲包上，既能保持泥鳅皮肤湿润，又能起到降温作用。在 11 月中旬前后，用此法装运，如果能保持湿润（此时温度较低，不宜再添加冰块），3 天左右一般不会发生死亡。

## 378. 什么是带水运输？

相对于干湿法运输来说，带水运输就是在运输过程中泥鳅不离开水。带水运输泥鳅的方法适宜较长时间的运输，且存活率较高，一般可达 90%以上。

## 379. 适宜带水运输使用的容器有哪些？

带水运输泥鳅使用的容器有木桶、水缸、帆布袋、尼龙袋、活水船和机帆船等，在运输量较少时大都采用木桶运输，在运输量较大时可用活水船和机帆船来装运，具体要根据实际需要及条件而定，不可强求。

## 380. 木桶装运泥鳅有哪些优点？

采用圆柱形木桶作为运输泥鳅的盛装容器，虽然个体小、储量有限，但它既可以作为收购、贮存暂养的容器，又适于汽车、火车、轮船装载运输，装卸方便，换水和运输保管操作便利，从收购、运输到销售不需要更换盛装容器，既省时又省力，还可减少损耗，优点非常多，故带水运输泥鳅常用木桶作为容器。起运前要仔细检查木桶是否结实，是否漏水，桶盖是否完整齐全，以免途中因车船颠簸或摇晃而破损，引起损失。其次，准备几个空桶，随同起运，以备调换之用。

## 381. 如何制作装运泥鳅的木桶？

木桶为圆柱形，用 1.2～1.5 厘米厚的杉木板制成（忌用松木板），高 70 厘米左右，桶口直径 50 厘米，桶底直径 45 厘米，桶外用铁丝打3道箍，最上边箍的两侧各附有一个铁耳环，以便于搬运。桶口用同样的杉木板制作桶盖，盖上有若干条通气缝以利于空气流通（图8）。

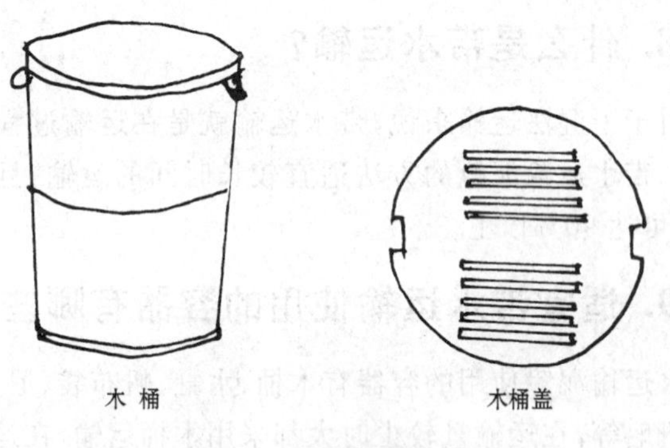


图8 运输泥鳅的木桶

## 382. 用木桶装运泥鳅应如何确定装运量？

容器中装载泥鳅的数量，要根据季节、气候、温度和运输时间等而定。一般容量为60升左右的木桶，水温在25℃～30℃、运输时间在1天以内时，泥鳅的装载量为25～30千克，另盛清水20～25升或0.5万～1万单位/升的青霉素溶液20～25升；运输时间在1天以上、水温超过30℃时，泥鳅装载量以15～20千克为宜；如果天气闷热应再适当少装，每桶装载量应减至12～15千克。

## 383. 木桶运输途中有哪些管理工作？

运输途中的管理工作主要是定时换水，经常搅拌，搅拌时可用手或圆滑的木棒从桶底轻轻挑起，重复数次让泥鳅迂回转动，将底部的泥鳅翻上来。气候正常、水温在25℃左右，每隔4～6小时换水1次；若遇到风向突变（如南风转北风，北风转南风），每隔2～3小时就需换1次水；气候闷热气温较高时，应及时换水。另外，在运输途中，如发现泥鳅长时间浮于水面，并出现口吐白沫等异常现象时，说明容器中的水质变坏，应立即更换新水。换水一定要彻底，换进的水以清净的活水（如江水、河水）为最好，不能用碱性较重的泉水或有机质含量较高的塘水。

同时保湿功能也要做好，尤其是在夏季运输泥鳅时，如水温过高，可在桶盖上加放冰块，使融化的冰水逐渐滴入运输水中，促使水温慢慢下降。

## 384. 如何使用尼龙袋充氧密封运输泥鳅？

如果泥鳅运输量较少（150 千克以内），一般采用尼龙袋充氧密封运输的方法。尼龙袋的常用规格为长 70～80 厘米，宽 40 厘米，前端有 10 厘米×15 厘米的装水空隙。

第一，要做好合理分工，通常是三人一组完成工作，其中一个人主要负责捞出泥鳅，另外两人一个负责掌握尼龙袋，另一个人负责向袋内充氧气。所有的这些工作必须细心、手脚麻利，不能损坏袋子。

第二，要仔细检查每只尼龙袋是否漏气。可用嘴向袋内吹气，或将袋口敞开，由上向下一甩，并迅速用手捏紧袋口，以判断尼龙袋是否漏气。

第三，装泥鳅的尼龙袋，其外面应再套上一只袋子用以加固。有些人先把两只袋套在一起，再去加水、捉鳅，这样做是欠妥的。应该先取一只袋加好水，然后把另一只袋套上，随后再去捉鳅。

第四，向袋中充氧要注意先后步骤。应在装鳅前把尼龙袋放进泡沫箱或纸板箱中试一下，看一看大约要充氧到什么位置，一般每袋装 15 千克泥鳅，同时装入 10 升清水，然后根据这个要求再去捉泥鳅、充氧，充到一定程度就扎口，然后装入箱内。应正确估计充氧量，充氧量太多，尼龙袋会过于膨胀而不能很好地装进外包装箱中；充氧量太少，可能会导致泥鳅在长时间的运输过程中因氧气不足而发生死亡。如在夏季运输，注意在袋上放置冰块，使袋中水温保持在 10℃左右，经过 48 小时后把泥鳅转入清水桶中，泥鳅即可恢复正常，存活率可达 100%。

第五，袋要扎紧。袋口扎得紧不紧，是决定是否漏气的关键。当氧气充足后，要先把里面一只袋在距袋口 10 厘米左右处紧紧扭转一下，并用橡皮筋或塑料绳在扭转处扎紧，然后再把扭转处以上 10 厘米处的中间部分再扭转几下折回，再用橡皮筋或塑料绳将口扎紧。最后，再把外面一只尼龙袋袋口用同样的方法分 2 次扎紧，切不可把两只袋口扎在一起，因为这样容易漏水、漏气。

第六，袋中放水量应适当。袋中装水量过多或过少都不好，一般来讲，装水约在 10 升左右，但也要因鳅体大小和数量多少而灵活掌握。如果数量少、个体小，则可少放些水；反之，如果数量多且个体大时，就需要多放些水。

第七，远程运输应加入微量药物，如加入适量 1 万单位/升的青霉素溶液，可起到防病和降低泥鳅耗氧量的作用，可降低泥鳅在运输中的死亡率。

## 385. 如何使用活水船或机帆船运输泥鳅?

如果泥鳅是集体上市，运输量较大，如可能达到 10 000 千克以上时，可以考虑用船运。如果运输时间不长（一般在 24 小时内），且水运又非常方便的地方，用活水船或机帆船运输是最好的选择。这种运输法的优点是节约木桶，运输成本低，而且成活率又高，一般在 95%以上。具体操作如下。

第一，要选择健壮的泥鳅，凡有外伤或柔弱无力的个体都应剔除干净，不可运输，可就地销售。

第二，选择的船只不宜过大，一般以 30～40 吨的机帆船较好。盛装泥鳅的容量包括水的重量在内不超过实际载重量的 70%，最多不超过 80%。不宜盛装过多，以保证安全运输，有利于操作管理。船边缘要高，船底要平坦，舱盖齐全，船舱不漏水。另备能插入船舱底部的篾筒1个，筒径比水瓢大1倍，以便换水操作。装泥鳅的船舱，事先必须彻底清洗，清除有害物质。

第三，根据经验，用船装运泥鳅时，泥鳅和水一般各占50%，也就是说装上1千克泥鳅时，同时配装1升水。

第四，加强运输管理。运输途中，需要经常翻动泥鳅（注意避免擦伤泥鳅体表）和勤换清水（活水船不换水）。一旦发现死、伤泥鳅，必须及时清除。运输途中要适时彻底换水。天气正常，水温在25℃时，每隔6～8小时换水1次；天气闷热时，每隔2～4小时换水1次。水质不好时，必须排出一部分水，并添加新水。添加或更换的水以洁净的江河水为好，切忌使用碱性强的水或温差太大的水。

## 386. 运输泥鳅苗种前要做好哪些准备工作？

泥鳅苗种可用木桶、帆布桶、篓、筐等敞口容器运输，也可用塑料袋充氧密封运输。

泥鳅幼苗和泥鳅种在运输前的准备工作有一定差异，如果是没有开食的鳅苗，由于它们是靠卵黄囊来提供营养的，这时可以直接以水花的形式用塑料袋充氧密封运输，但是从提高泥鳅苗种成活率的角度出发，我们不主张运输泥鳅水花。

对于已经开始摄食的鳅苗，在起运前最好先喂1次鸡蛋黄，喂时将蛋黄用纱布包好放在盛有水的瓷盆中，捏碎，滤出蛋渣，然后将蛋黄汁均匀洒入盛鳅苗的容器中，每10万尾左右鳅苗需1个熟蛋黄。喂食后经2～3小时，再换一次清水就可起运。

对于已经进行幼苗培育阶段的泥鳅来说，为了提高运输鳅种的适应能力和成活率，泥鳅种在运输前需先拉网锻炼1～2次。在运输前一天停止投喂饵料，起运的当天不投喂，同时在装运前要先将苗种集中于捆箱内暂养2～3小时，目的是让泥鳅排出粪便，洗去体表分泌的黏液，以利于提高运输成活率。

## 387. 泥鳅苗种运输时对运输时间和水温有要求吗？

运输泥鳅苗种的时间基本由泥鳅的孵化期和培育期所决定，在相对固定的期间内，一定要选择较好的天气运输，适宜的水温范围为5℃～10℃。

## 388. 泥鳅苗种运输的规格与密度有什么关系？

泥鳅苗种运输时的密度与其规格是密切相关的，通常是个体越小，装得越多；反之，个体越大，装得越少。一般运输时装水量为容器的1/3～1/2。

就1升水体来说，1厘米长的鳅苗可装3 000～3 500尾；1.5～2厘米长的鳅苗可装500～700尾；2.5厘米长的鳅种可装300～350尾；3.5厘米长的鳅种可装150～200尾；4厘米的大规格鳅种宜装120～150尾。

## 389. 泥鳅苗种运输时的管理工作有哪些？

泥鳅苗种是比较弱小的，它们适应运输环境变化的能力还较弱，稍有不慎，就会造成大批量死亡。因此，在运输中一定要注意做好管理工作。

首先，在运输中要时刻注意容器内水体的溶解氧情况，有条件的话，可用电瓶附加气泡石来充氧。如发现鳅苗浮头，应及时换水，每次换水量为总水体的1/3左右，在换水时，要注意换入的水必须清新，温差不能过大，通常鳅苗不能超过2℃，鳅种不能超过3℃。

其次，泥鳅苗种在运输过程中通常不需投喂，但在远程运输的情况下，有时需要投喂 1～2 次，此时一定要掌握适量的原则，尽可能少量投喂，而且在投喂前应换水，投喂后隔 4～5 小时才能换水。因为饱食后换水，容易造成死亡。

再次，应保护好鳅苗，由于幼鳅活动能力低，在运输过程中容易聚集成团，最后黏结在一起而出现窒息。为了避免这种现象的发生，在长距离运输时最好在幼鳅中加几尾大一些的泥鳅一起运输，通过大泥鳅的不断钻蹿，可有效地减少黏结现象。

最后，要做好降温措施，由于大部分鳅苗和鳅种在运输时，正值高温季节，因此一定要做好降温工作，可以用冰块降温，效果不错。使用冰块时，也要注意技巧，不能将冰块直接放入水中，否则会导致泥鳅苗种发生感冒现象，此时可将冰块放在帆布桶等运输容器之上，让融化的冰水滴入桶中。用塑料袋装运时，可将冰块放在另一塑料袋中，贴近装泥鳅的塑料袋，置于同一纸箱中。

## 390. 成鳅蓄养有什么意义？

成鳅就是可以上市供人们食用的大规格泥鳅，起捕以后，要在绝食状态和密集条件下，先经过 1～3 天的清水蓄养，才能外运交售。蓄养的目的，一是使泥鳅去掉泥腥味，提高成鳅的食品质量；二是使泥鳅排出粪便，降低暂养和运输中的耗氧量，提高运输存活率。常用的蓄养方法有鱼篓蓄养和木桶蓄养 2 种。

## 391. 如何用鱼篓蓄养成鳅？

就是用专用的泥鳅蓄养篓来进行蓄养，蓄养篓的具体规格可以根据生产实际情况而定，不可千篇一律。先把捕上来的泥鳅装在蓄养篓里，然后把篓放在水里进行蓄养。在不同的环境下，蓄养量有一定区别。如放在静水中蓄养时，由于水体交换较慢，1 篓宜装泥鳅 7～8 千克，而放在流水中蓄养时，装鳅数量可以达到在静水中的 2 倍甚至更多，为 15～20 千克。篓放在水中时，不要全沉在水里，最好让篓的1/3露在水面以上，以保证泥鳅能进行肠呼吸。

## 392. 如何用木桶蓄养成鳅？

就是使用农村常见的水桶进行蓄养，如果没有水桶，可使用熟胶制成的塑料桶。容量为100升的大木桶可蓄养泥鳅15千克。在蓄养的前5天要勤换水，每天换水4～5次，2天以后每天换水2～3次，每次换去桶内水量的1/4即可。

## 393. 如何运输成鳅？

运输成鳅的方法很多，常用的方法有干湿运输、带水运输和尼龙袋充氧运输，具体的运输方法和前文基本一致，在此不再赘述。

# 十一、泥鳅疾病防治技术

## 394. 导致泥鳅患病的因素有哪些?

根据鱼病专家长期的研究和笔者在养殖过程中的细心观察表明,泥鳅发生疾病的原因可以从内因和外因两个方面进行分析,因为任何疾病的发生都是由于机体所处的外部因素与机体的内在因素共同作用的结果。在查找病因时,不应只考虑某一个因素,应该把外界因素和内在因素联系起来加以考虑,才能正确找出发病原因。根据鱼病专家分析,鱼病发生的原因主要包括致病生物的侵袭、鳅体自身因素、环境条件的影响和养殖者人为因素等共同作用的。

## 395. 导致泥鳅疾病的致病微生物有哪些?

常见的泥鳅疾病多数是由各种致病生物传染或侵袭而引起的,包括真菌、病毒、细菌、藻类、原生动物以及蠕虫、蛭类和甲壳动物等,这些病原体是影响泥鳅健康的罪魁祸首。

## 396. 泥鳅有哪些敌害?

在养殖泥鳅时,有些生物能直接吞食或危害泥鳅或鳅卵,如养殖水体中有青蛙、乌鳢存在时,它们会吞食泥鳅的卵和幼苗,对泥鳅的危害极大,要及时予以捕杀。其他敌害还有鼠、蛇、鸟、蛙、凶猛鱼类、水生昆虫、水蛭、青泥苔等。

## 397. 为什么说水温失衡是导致泥鳅患病的重要因素?

泥鳅是冷血动物,体温随外界环境尤其是水体的水温变化而发生改变，所以说对泥鳅生活有直接影响的主要是温度。当水温发生急剧变化，主要是突然上升或下降时，泥鳅机体和体温由于适应能力不强，不能正常随之变化，就会发生病理反应，导致抵抗力降低而患病。例如，泥鳅在亲鳅或鳅苗培育时进入不同水体或是在换冲水时，会因为温差过大而导致感冒，甚至大批死亡。

## 398. 为什么说水质好坏关系到泥鳅的健康生长？

泥鳅生活在水环境中，水质的好坏直接关系到它们的生长，好的水环境会使泥鳅不断增强适应生活环境的能力。如果生活环境发生变化，就可能不利于泥鳅的生长发育，甚至会失去抵御病原体侵袭的能力，导致疾病发生。因此，水产行业内常说的是“养鳅先养水”，就是指要在养鳅前先把水质培育成适宜其养殖的“肥、活、嫩、爽”的标准。

## 399. 为什么说底质会影响泥鳅的生长与发病？

泥鳅是生活在水底的，因此底质的好坏常常是决定泥鳅是否患病的关键因素之一。底质中尤其是淤泥中含有大量的营养物质与微量元素，这些营养物质与微量元素对饵料生物的生长发育、水草的生长与光合作用都具有重要意义。当然，淤泥中也含有大量的有机物，会导致水体耗氧量急剧增加，往往造成池塘缺氧泛塘。同时，有学者指出，在缺氧条件下，泥鳅的自身免疫力下降，更易发生疾病。

## 400. 哪些有毒物质会引起泥鳅患病？

对泥鳅有害的毒物很多，常见的有硫化氢以及一些重金属盐类。这些毒物不但可能直接引起泥鳅中毒，而且能降低鳅体的防御功能,致使病原体容易入侵。急性中毒时,泥鳅在短期内会出现中毒症状或迅速死亡。当毒物浓度较低,则表现慢性中毒症状,短期内不会有明显的症状,但生长缓慢或出现畸形,容易患病。

## 401. 为什么说饲喂不当会引起泥鳅患病?

如果给泥鳅投喂不清洁或变质的饵料,或饥饱不匀,或长期投喂单一饵料,导致饵料营养成分不足,或饵料中缺乏动物性饵料和合理的蛋白质、维生素、微量元素等,都会导致泥鳅摄食不正常,缺乏营养,造成体质衰弱,容易感染疾病。当然投喂过多,也易引起水质腐败,促进细菌繁殖,导致鱼类罹患疾病。另外,投喂的饵料如变质、腐败,会直接导致泥鳅中毒。因此,在投喂时要讲究"四定"技巧,在投喂配合饵料时,要求投喂的配合饵料要与所养泥鳅的生长需求一致,这样才能确保鳅体营养良好。

## 402. 为什么强调防治鳅病要以预防为主?

在人工养殖时,泥鳅虽然生活在受人为调控的小环境里,一旦发病可及时采取有效的防治措施。但其毕竟生活在水里,一旦患病尤其是一些内脏器官疾病发生后,泥鳅的食欲基本丧失,常规治疗方法几乎失去效果,导致治疗起来比较困难,一般治愈后都要或多或少的死掉一部分,尤其是幼鳅期更是如此,给养殖者造成经济和思想上的负担。因此,对鳅病的防治应遵循"预防为主,治疗为辅"的原则,按照"无病先防、有病早治、防治兼施、防重于治"的原则,加强管理,防患于未然,才能防止或减少因死亡而造成的损失。目前在养殖中常见的预防措施包括改善养殖环境,消除病害滋生的温床;加强鳅苗、鳅种的检验检疫,杜绝病原体的侵入;加强鳅体预防,培育健康鳅种,切断传播途径;通过生态预防,提高鳅体体质,增强抗病能力等。

## 403. 如何从改善养殖环境的角度来预防鳅病?

**(1)池塘清整** 池塘是鱼类栖息生活的场所,同时也是各种病原生物潜藏和繁殖的地方,所以池塘的环境、底质、水质等都会给病原体的滋生及蔓延造成重要影响。

①环境 有许多鱼对环境刺激的应激性较强,因此一般要求鱼池建立在水、电、路三通且远离喧嚣的地方,鱼池走向以东西方向为佳,有利于冬、春季节水体的升温。清除池边过多的野生杂草。在修建鱼池时要注意对鼠、蛇、蛙、鳝及部分水鸟的清除及预防。

②底质 鱼池在经过 2 年以上的使用后,淤泥逐渐堆积。如果淤泥过多,不但影响容水量,而且对水质及病原体的滋生、蔓延产生严重影响,所以池塘清淤消毒是预防疾病和减少流行病暴发的重要环节。

池塘清淤工作主要有清除淤泥、铲除杂草、修整进出水口、加固塘堤等工作,排除淤泥的方法通常有人力挖淤和机械清淤,除淤工作一般在冬季进行,先将池水排干,然后再清除淤泥。清淤后的池塘最好经日光暴晒及严寒冰冻一段时间,以利于杀灭越冬的鱼病病原体。如果鱼池面积较大,清淤的工程量相当大,可用生石灰干法消毒。

③水质 在养殖水体中,生存有多种生物,包括细菌、藻类、螺、蚌、昆虫及蛙、野杂鱼等,它们有的本身就是病原体,有的是传染源,有的是传播媒介和中间宿主,因此必须进行水体药物消毒。常用的水体消毒药物有生石灰、漂白粉、鱼藤酮等,最常用且最有效果的当数生石灰。在生产实践中,由于使用生石灰比较费力,现在许多养殖场都使用专用的水质改良剂,效果较好。

**(2)水泥池处理** 在鱼类人工繁殖，或进行亲鱼专门培育，或进行一些特种水产养殖时，常常用到水泥池。水泥池的大小一般为 20 米$^2$ 左右，进、排水要分开，养殖池、观察池、隔离池、产卵池、孵化池也要独立，减少疾病交叉感染的概率。使用时间较长的水泥池宜用板刷刷洗池壁后再用二氧化氯制剂清洗。在处理好后，再将池水培育好，然后放鱼入池。

对新建的水泥鱼池，使用前一定要经过认真洗净，还须盛满清水浸泡数天至 1 周，进行“退火”或“去碱”，目的是除去硅酸盐对鱼及水质的影响，其方法如下：一是用醋酸中和法。二是用碳酸氢钠（小苏打）或硫代硫酸钠浸泡 2 天后再用清水洗涤。三是按 50 升水溶解 12 克磷酸的比例配制溶液，浸洗新池 1～2 天，可达到去碱的目的，接着再用盐水或高锰酸钾溶液冲洗并注满水浸泡 1 周左右，换入新水，先放几尾鱼试养安全后，再放鱼就安全了。四是用明矾溶于池水中（其浓度须达到饱和程度），经 2～3 天后即可达到去碱目的，再换入新水，便可使用了。

## 404. 如何通过改善水源及用水系统来预防鳅病？

水源及用水系统是鱼病病原传入和扩散的第一途径。优良的水源条件应是充足、清洁、不带病原生物以及无人为污染有毒物质，水的物理、化学指标适合于泥鳅的需求。用水系统应保证每个养殖池有独立的进水和排水管道，以避免水流把病原体带入。养殖场的设计应考虑建立蓄水池，这样可将养殖用水先引入蓄水池，使其自行净化、曝气、沉淀或进行消毒处理后再灌入养殖池，就能有效地防止病原随水源带入。

保持良好的水质不仅是泥鳅生存的需要，同时也是使泥鳅处在最适条件下生长和抵抗病原生物侵扰的需要。

## 405. 如何通过对泥鳅苗种进行消毒来预防鳅病？

即使是健康的苗种，亦难免带有某些病原体，尤其是从外地运来的苗种。因此，必须先进行药浴消毒。药浴的浓度和时间，根据不同的养殖种类、个体大小和水温灵活掌握。

**(1)食盐** 这是鳅体消毒最常用的药物，配制浓度为3%～5%，浸浴10～15分钟，可以预防烂鳃病、三代虫病、指环虫病等。

**(2)漂白粉和硫酸铜合剂** 漂白粉浓度为10毫克/升，硫酸铜浓度为8毫克/升，将两者充分溶解后再混合均匀，将泥鳅放入其中浸浴15分钟，可以预防细菌性皮肤病、鳃病及大多数寄生虫病。

**(3)漂白粉** 浓度为15毫克/升，浸洗15分钟，可预防细菌性疾病。

**(4)硫酸铜** 浓度为8毫克/升，浸洗20分钟，可预防鱼波豆虫病、车轮虫病。

**(5)敌百虫** 用10毫克/升的敌百虫溶液浸洗15分钟，可预防部分原生动物病和指环虫病、三代虫病。

**(6)聚维酮碘(PVP-I)** 用50毫克/升溶液浸浴10～15分钟，可预防寄生虫性疾病。

## 406. 如何通过对养殖用具进行消毒来预防鳅病？

各种养殖用具，如发病鱼使用过的网具以及塑料和木制工具等，常是传播病原体的媒介，特别是在疾病流行季节。因此，在日常生产操作中，如果工具数量不足，应消毒后再使用。

## 407. 如何通过对泥鳅食台进行消毒来预防鳅病?

食台是泥鳅类进食之处,由于食台内常有残存饵料,时间长了或高温季节腐败后可成为病原菌繁殖的培养基,为病原菌的大量繁殖提供有利场所,很容易引起泥鳅的细菌感染,导致疾病发生。同时,食台是鱼群最密集的地方,也是疾病传播最容易的地方,因此对于食台要进行定期消毒,这是有效预防疾病的措施之一。食台消毒通常有药物悬挂法和泼洒法 2 种。

**(1)药物悬挂法** 可用于食台悬挂消毒的药物主要有漂白粉、硫酸铜、敌百虫等,悬挂的容器有塑料袋、布袋、竹篓。装药后,以药物能在 5 小时左右溶解完为宜,悬挂处周围药液应达到一定的有效浓度就可以了。

在鳅病高发季节,要定期进行挂袋药物预防,一般每隔 15～20 天使用 1 个疗程,可预防细菌性皮肤病和烂鳃病。药袋最好挂在食台周围,每个食台挂 3～6 个袋。漂白粉挂袋每袋 50 克,每天换 1 次,连续挂 3 天;硫酸铜、硫酸亚铁挂袋,每袋可用硫酸铜 50 克、硫酸亚铁 20 克,每天换 1 次,连续挂 3 天。

**(2)泼洒法** 每隔 1～2 周在泥鳅摄食后用漂白粉消毒食台 1 次,用量一般为 250 克,将漂白粉化开后泼洒在食台周围即可。

## 408. 如何通过培育和放养健壮苗种来预防鳅病?

放养健壮和不带病原的苗种是养殖生产成功的基础,其培育技巧包括以下几点:一是保证亲本无毒;二是亲本在进入产卵池前进行严格的消毒,以杀灭可能携带的病原;三是孵化工具要消毒;四是待孵化的鳅卵要消毒;五是育苗用水要洁净;六是尽可能不用或少用抗生素；七是培育期间提供优质饵料，不能投喂腐败变质的饵料。

## 409. 如何通过投喂优质饵料来预防鳅病？

饵料的质量和投饵方法，不仅是保证养殖产量的重要措施，同时也是增强泥鳅对疾病抵抗力的重要措施。养殖水体由于放养密度大，必须投喂人工饵料才能保证养殖群体得到丰富而全面的营养物质。因此，科学地根据不同养殖对象及其发育阶段，选用多种饵料原料，合理调配，精细加工，保证泥鳅吃到适口和营养全面的饵料，不仅是维护其生长、生活的能量源泉，同时也是提高泥鳅体质和抵抗疾病能力的需要。生产实践和科学试验证明，不良的饵料不仅无法提供泥鳅成长和维持健康所必需的营养成分，而且还会导致免疫力和抗病力下降，直接或间接使泥鳅感染疾病甚至死亡。

## 410. 使用渔药有哪些原则？

第一，在池塘养殖过程中要加强对病、虫、敌害生物的综合防治，坚持“全面预防，积极治疗”的方针，强调“防重于治，防治结合”的原则。

第二，选用的渔药应严格遵守国家和有关部门的相关规定，严禁使用未经取得生产许可证、批准文号、生产执行标准的渔药；严禁使用国家已经禁止使用的药物。

第三，严禁使用高毒、高残留或具有“三致”（致癌、致畸、致突变）毒性的渔药，以不危害人类健康和破坏水域生态环境为基础，选用“三效”（高效、速效、长效）、“三小”（毒性小、副作用小、用量小）的渔药。大力推广健康养殖技术，改善养殖水体生态环境，提倡科学合理的混养和密养，建议使用生态综合防治技术和使用生物制剂、中草药对病虫害进行防治。

第四，严禁使用对水环境有严重破坏而又难以修复的渔药，严禁直接向养殖水体泼洒抗生素。

## 411. 什么是“五无”型渔药？

“五无”型的渔药就是出售的渔药无商标标识，无产地即无厂名、厂址，无生产日期，无保质日期，无合格许可证。这种产品连基本的外包装都不合格，是最典型的假渔药。

## 412. 如何辨别冒充型渔药？

这种冒充表现在两个方面，一种情况是商标冒充，主要是一些见利忘义的渔药厂家发现市场俏销或正在宣传的鱼用药物时即打出同样包装、同样品牌的产品或冠以“改良型产品”之名。另一种情况就是一些生产厂家利用一些药物的可溶性特点，将一些粉剂药物改装成水剂药物，然后冠以新药来投放市场。这种冒充型的假药具有一定的欺骗性，普通的养殖户一般难以识别，需要专业人员进行及时指导方可辨识。

## 413. 如何辨别夸效型渔药？

这种夸效型的具体表现就是一些渔药生产企业不顾事实，肆意夸大诊疗范围和效果，有时我们可见到部分渔药包装袋上的广告说得天花乱坠，包治百病，实际上疗效不明显或根本无效，见到这种能治所有鱼病的渔药可以摒弃不用。

在长期为养殖户提供鳅病诊治服务时，我们发现养殖户常常受到假药的伤害，他们期待有关职能管理部门对此引起重视，采取切实可行的措施，强化渔药市场的整顿和治理，对生产经营假药者给予严厉打击，杜绝假冒伪劣渔药入市经营，以解除渔民的后顾之忧。

## 414. 如何选购合适的渔药?

首先要在正规的药店购买渔药,注意药品的有效期。

其次是特别要注意药品的规格和剂型。同一种药物往往有不同的剂型和规格,其药效成分往往不相同。如漂白粉的有效氯含量为28%～32%,而漂粉精为60%～70%,两者相差1倍以上。再如2.5%粉剂敌百虫和90%晶体敌百虫是两种不同的剂型,两者的有效成分相差36倍。不同规格药物的价格也有很大差别。因此,了解同一类渔药的不同商品规格,便于选购物美价廉的药品,并根据商品规格的不同药效成分换算出正确的施药量。

再次就是合理用药,对症下药。目前常用于防治鱼类细菌性、病毒性疾病和改善水域环境的全池泼洒渔药有生石灰(氧化钙)、漂白粉、二氯异氰脲酸钠、三氯异氰脲酸、二氧化氯、二溴海因、四烷基季铵盐络合碘等;常用杀灭和控制寄生虫性原虫病的渔药有食盐(氯化钠)、硫酸铜、硫酸亚铁、高锰酸钾、敌百虫等,这些渔药常用于浸浴机体、挂篓和全池泼洒;常用口服药有土霉素、红霉素、诺氟沙星、磺胺嘧啶和磺胺甲噁唑等;中草药有大蒜、大蒜素粉、大黄、黄连、黄柏、五倍子、穿心莲和苦参等,可以用中草药浸液全池泼洒和拌饵口服。

## 415. 如何准确计算用药量?

在鳅病防治上,口服药的剂量通常按泥鳅体重计算,外用药则按水的体积计算。

**(1)口服药** 首先应比较准确地推算出鳅群的总重量,然后折算出给药量的多少,再根据泥鳅的种类、环境条件、泥鳅的摄食情况,确定泥鳅的吃饵量,再将药物混入饵料中制成药饵进行投喂。

**(2)外用药** 先算出水的体积。水体的面积乘以水深就得出体积,再按施药的浓度算出用药量,如施药的浓度为1毫克/升,则

1 米$^3$ 水体应该用药 1 克。

如某口鳅池发生了鳗病，需用 0.5 毫克/升浓度的晶体敌百虫来治疗。该鳅池长 100 米，宽 40 米，平均水深 1.2 米，那么用药量按以下方法推算：鳅池水体的体积是 100 米×40 米×1.2 米＝4 800 米$^3$，然后再按规定的浓度算出用药量为 4 800×0.5＝2 400（克）。那么，这口鳅池就需用晶体敌百虫 2 400 克。

## 416. 在为泥鳅治病时，为什么不能凭经验用药？

“技术是个宝，经验不可少”，这是水产养殖专业户常常挂在嘴边的口头禅。这是因为在养殖生产中，养殖场一般都设在农村，在这些远离城市的基层，缺乏病害诊断技术和必要的检验设备，所以一些养殖户在养殖动物发生疾病后，无法进行必要的诊断，这时经验就显得非常重要。他们或根据以往治疗疾病的经验，或根据书本上看过的一些用药方法，盲目施用渔药。例如，在基层服务时，我们发现许多老养殖户特别信奉“治病先杀虫”的原则，不管是什么原因引起的疾病，都首先使用敌百虫、灭虫精等杀虫药，然后再换用其他药物，这样做实际是非常危险的，因为一来贻误了病害防治的最佳时机，二来耗费了大量的人力和财力，三是乱用药会加快泥鳅的死亡。因此，在疾病发生后，千万不要过分相信一些老经验，必须借助一些技术手段和设备，在对疾病进行必要的诊断和病因分析的基础上，结合病情施用对症药物，才能起到有效防治的效果。

## 417. 在为泥鳅治病时，为什么不能随意加大用药剂量？

在生产中，有些养殖户在用药时会随意加大用药量，有的甚至比药方剂量高出 3 倍左右，他们加大用药剂量的随意性很强，往往今天用1毫克/升的量，明天就用3毫克/升的量，在他们看来，用药量大了，会起到更好的治疗效果。这种观念是非常错误的，任何药物只有在合适的剂量范围内，才能有效地防治疾病。如果剂量过大甚至达到泥鳅致死浓度时则会发生泥鳅中毒事件。所以，用药时必须严格掌握剂量，不能随意加大剂量，当然也不要随意减少剂量。根据笔者个人的经验，为了达到更好的治疗作用，在开出用药处方时，技术人员会结合鳅体情况、水环境情况和渔药的特征，在剂量上做出适当提高(20%左右)，所以一旦养殖户随意加大用量，极有可能会导致鱼类中毒死亡。

## 418. 在为泥鳅治病时，为什么不能随意配伍用药?

一些养殖户在用药时，不问青红皂白，只要有药，拿上就用，结果导致用药效果不好，有时还会毒死泥鳅，这就是他们对药物的理化性质不了解，胡乱配伍导致的结果。其实有许多药物存在配伍禁忌，不能混用。例如，二氯异氰脲酸钠和三氯异氰脲酸等药物要现配现用，宜在晴天傍晚施药，避免使用金属容器具，同时要记住它们不能与酸、铵盐、硫黄、生石灰等配伍混用，否则就起不到治疗效果。还有敌百虫，它不能与碱性药物(如生石灰)混用，否则会生成毒性更强的敌敌畏，对泥鳅而言是剧毒药物。

## 419. 在为泥鳅治病时，为什么药物混合一定要均匀?

药物混合不均匀的情况主要出现在粉剂药物的使用上，如一些养殖户在向饲料中添加口服药物进行疾病防治时，有时为了图省事，只简单地搅拌几下，结果造成药物分布不均匀，有的饲料中没有药物，起不到治疗效果，有的饲料中药物太多，导致药物局部中毒。因此，在使用药物时一定要小心、谨慎、细致入微，对药物进行分级充分搅拌，力求药物分布均匀。另外，在使用水剂或药浴时，要用手在容器里多搅动几次，尽可能地使药物混合均匀。

### 420. 在为泥鳅治病时，为什么用药后一定要细致观察？

有一些养殖户在用药后，就觉得万事大吉了，根本不注意观察鱼类在用药后的反应，也不进行记录、分析。这种做法是非常错误的，我们建议养殖户在药物施用后，必须加强观察。尤其是在施药24小时内，要随时注意泥鳅的活动情况，包括泥鳅的死亡情况、泥鳅的游动情况、泥鳅体质的恢复情况等。在观察、分析的基础上，总结治疗经验，提高病害防治的水平，减少因病死亡而造成的损失。

### 421. 在为泥鳅治病时，为什么不能重复用药？

养殖户发生重复用药的原因主要有两个，一个是养殖户自己主观造成的，是故意重复用药，期望鱼病快点治好。另一个是客观现状造成的，由于目前渔药市场比较混乱，缺乏正规的管理，同药异名或同名异药的现象十分普遍，一些养殖户因此而重复使用同药不同名的药物，导致药物中毒和耐药性产生的情况时有发生。因此，建议养殖户在选用渔药时，一是要请教相关科技人员，二是要认真阅读药物说明书，了解药物的性能、治疗对象、治疗效果，然后要对药物的通俗名和学名进行了解，判断是不是自己已经使用过的药物。

### 422. 在为泥鳅治病时，为什么要讲究用药方法？

在生产中，有一些养殖户拿到药后，见水就撒，结果造成了一系列问题。这是因为有些药物必须用适当的方法才能发挥它们的有效作用，如果用药方法不当，或影响治疗效果，或造成中毒。例如，固体二氧化氯在包装运输时，都是用A、B袋分开包装的，在使用时要将A、B袋分别溶解，再混合后才能使用。如果直接将A、B袋打开立即拌和使用，有时在高温下会发生剧烈的化学反应，导致爆炸事故，危及养殖户的生命安全，这就是用药方法不对的结果。还有一种情况往往被养殖户忽视的，就是在泼洒药物治疗疾病时，不分时间，想洒就洒，这是不对的。正确方法是应先喂食后泼药，如果是先洒药再喂食或者边洒药边喂食，泥鳅有时会把药物尤其是没有充分溶解的颗粒型药物当做食物来吃掉，导致泥鳅中毒事故的发生。

## 423. 在为泥鳅治病时，为什么用药时间不宜过长？

我们发现部分养殖户在用药时，有时为了加强渔药效果，常常人为地延长用药时间，这种情况在浸洗鳅体时更明显。殊不知，许多药物都有蓄积作用，如果一味地长期浸洗或长期投喂，不仅影响治疗效果，有的还可能影响机体的康复，导致慢性中毒，所以用药时间要适度。

## 424. 在为泥鳅治病时，为什么要保证用药疗程？

一般泼洒用药连续3天为1个疗程，口服用药3～7天为1个疗程。在防治疾病时，必须用药1～2个疗程，至少用1个疗程，保证治疗彻底，否则疾病易复发。有一些养殖户为了省钱，往往看到泥鳅的病情有一点好转时，就不再用药了，这种用药方法是不值得提倡的。

## 425. 什么是渔药的休药期?

食用鱼上市前,应有休药期。休药期是指受试动物从最后一次给药到该动物上市可供人安全消费的时间间隔,休药期的长短应确保上市水产品的残留量必须符合《无公害食品　水产品中渔药残留限量》(NY 5070—2002)的要求。

## 426. 常用渔药的休药期是怎样规定的?

不同的药物在泥鳅体内的休药期是不同的,结合研究和生产实践,我国相关部门也颁布了常用渔药的休药期,见表 3。

**表 3　常用渔药休药期**

| 序　号 | 药物名称 | 休药期(天) |
|---|---|---|
| 1 | 敌百虫(90%晶体) | ≥10 |
| 2 | 漂白粉 | ≥5 |
| 3 | 二氯异氰脲酸钠 | ≥10 |
| 4 | 三氯异氰脲酸 | ≥10 |
| 5 | 二氧化氯 | ≥10 |
| 6 | 土霉素 | ≥30 |
| 7 | 磺胺间甲氧嘧啶及其钠盐 | ≥37 |

## 427. 我国相关机构发布的禁用渔药有哪些?

禁用渔药包括以下种类及品种:地虫硫磷、六六六、林丹、毒杀芬、滴滴涕、甘汞、硝酸亚汞、醋酸汞、呋喃丹、杀虫脒、双甲脒、氟氯氰菊酯、氟氰戊菊酯、五氯酚钠、孔雀石绿、锥虫胂胺、酒石酸锑钾、磺胺噻唑、磺胺脒、呋喃西林、呋喃唑酮、呋喃那斯、氯霉素、红霉素、杆菌肽锌、泰乐菌素、环丙沙星、阿伏帕星、喹乙醇、速达肥、已烯雌酚、甲基睾丸酮。

## 428. 禁用渔药对人类有哪些危害？

**(1)氯霉素** 该药对人类毒性较大，可抑制骨髓造血功能，造成过敏反应，引起再生障碍性贫血（包括白细胞减少、红细胞减少、血小板减少等）。此外，该药还可引起肠道菌群失调及抑制抗体的形成，已在国外较多国家禁用。

**(2)呋喃唑酮** 呋喃唑酮残留会对人类造成潜在危害，引起溶血性贫血、多发性神经炎、眼部损害和急性肝坏死等疾病。目前已被欧盟等国家禁用。

**(3)甘汞、硝酸汞、醋酸汞和吡啶基醋酸汞** 汞对人体有较大的毒性，极易产生富集性中毒，出现肾损害。国外已在水产养殖上禁用这类药物。

**(4)孔雀石绿** 孔雀石绿有较大的副作用，它能溶解足够的锌，引起水生动物急性锌中毒，更严重的是孔雀石绿是一种致癌、致畸药物，可对人类造成潜在危害。

**(5)杀虫脒和双甲脒** 农业部、卫生部在发布的农药安全使用规定中把杀虫脒列为高毒药物，1989年已宣布杀虫脒作为淘汰药物。双甲脒不仅毒性高，其中间代谢产物对人体也有致癌作用。该类药物还可通过食物链的传递，对人体造成潜在的致癌危险。该类药物国外也被禁用。

**(6)林丹、毒杀芬** 均为有机氯类杀虫剂，其最大特点是自然降解慢，残留期长，有生物富集作用，有致癌性，对人体功能性器官有损害等，该类药物在国外已被禁用。

**(7)甲基睾丸酮、已烯雌酚** 属于激素类药物，在水产动物体内代谢较慢，极小的残留都可对人类造成危害。

甲基睾丸酮可能会引起妇女类似早孕的反应及乳房胀、不规则大出血等；大剂量应用影响肝脏功能；对孕妇可导致女胎男性化和畸胎发生，容易引起新生儿溶血及黄疸。

己烯雌酚可引起恶心、呕吐、食欲不振、头痛反应，损害肝脏和肾脏，可引起子宫内膜过度增生，导致孕妇胎儿畸形。

**(8)喹乙醇** 主要作为一种化学促生长剂在水产动物饲料中添加，其抗菌作用是次要的。由于该药的长期添加，已发现对水产养殖动物的肝、肾功能造成很大的破坏，引起水产养殖动物肝脏肿大、腹水，造成水产动物死亡。如果长期使用该类药物，则会产生耐药性，导致肠球菌广为流行，严重危害人类健康。欧盟等国家已经禁用该类药物。

## 429. 泥鳅红鳍病有哪些症状和危害？

红鳍病别名为赤鳍病、腐鳍病，由细菌引起。当池水恶化、营养不良及鱼体受伤时，更易发生。

泥鳅被感染后，其体表、鳍、腹部及肛门等处充血、发红、溃烂，有些则呈现出血斑点、肌肉溃烂、鳍条腐蚀等现象，病鳅不摄食，直至死亡。

本病易在夏季流行，对泥鳅危害大，发病率高，可导致死亡。

## 430. 如何预防和治疗泥鳅红鳍病？

**(1)预防措施** 苗种放养前用4%食盐水浸浴消毒。避免鳅体受伤，鳅苗放池前应用5毫克/升二氯异氰脲酸钠溶液浸泡15分钟。

**(2)治疗方法** 用10～15微克/毫升土霉素或金霉素溶液浸洗10～15分钟，每天1次，1～2天即可见效。用1毫克/升漂白粉混悬液全池泼洒。病鳅可用10毫克/升四环素溶液浸洗一昼夜。按0.3%比例在饲料中拌入氟苯尼考，投喂5～7天。用10～20毫克/升二氧化氯、土霉素或金霉素溶液浸泡病鳅10～20分钟，有良好疗效。也可用3%食盐水浸泡病鳅10分钟。

## 431. 泥鳅肠炎病有哪些症状和危害?

肠炎病又称烂肠瘟、乌头瘟,由嗜水气单胞菌感染引起。

病鳅行动缓慢,停止摄食,鳅体发乌变青,其中头部特别明显。腹部出现红斑,肠管充血发炎,肛门红肿,轻者腹部有血和黄色黏液流出,重者发紫,很快死亡。

本病在全国均能流行,一年四季均可发病,尤其是夏、秋季发病最多。

所有的泥鳅都能感染患病,严重时死亡率高达40%。

## 432. 如何预防和治疗泥鳅肠炎病?

**(1)预防措施** 排污清池,保持水质清洁。不投喂变质饵料,投喂新鲜饵料。鳅种放养前,要用3%食盐水对泥鳅消毒10分钟。

**(2)治疗方法** 每50千克体重用复方新诺明5克,加抗坏血酸盐0.5克,拌料投喂,连喂3天即可。每50千克体重用15克大蒜拌料投喂,连用2～6天后减半继续投喂。每50千克体重用2克诺氟沙星拌料投喂。

按饲料重的5%添加鱼用多种维生素拌料投喂,连喂3天即可。

## 433. 泥鳅水霉病有哪些症状和危害?

水霉病由水霉菌寄生引起。在鳅体受伤或局部组织坏死、水温剧烈变化、季节交替时易发生。

病鳅体表附着棉絮状“白毛”,接着伤口发生溃烂。

水霉菌在5℃～26℃条件下均可生长繁殖,最适生存温度为13℃～18℃,易在水质较清的水体中繁殖并流行。

本病多发生于气温较低期,尤其是冬季蓄水期发生较多。

本病主要危害泥鳅鱼卵及仔鳅，是泥鳅苗种期常见病之一。

## 434. 如何预防和治疗泥鳅水霉病？

**(1)预防措施** 泥鳅目前多为自然苗，苗种下塘前要注意不要使苗种受伤，尤其是在捕捉、运输泥鳅时，尽量避免机械损伤。泥鳅从卵到苗种阶段必须带水操作，动作应规范轻巧，避免鳅卵和鳅体受伤。用2毫克/升美蓝溶液浸洗鱼卵3～5分钟。彻底清塘，从而杜绝病菌来源，可有效防治本病的发生。

**(2)治疗方法** 病鳅用0.5～0.8毫克/升美蓝溶液浸洗20分钟。用2%～3%食盐水浸洗5～10分钟。在孵化过程中，鱼卵易发生本病，可用1毫克/升美蓝溶液浸泡30分钟。用0.04%食盐水和0.04%碳酸氢钠溶液混合洗浴1小时。

## 435. 泥鳅白身红环病有哪些症状和危害？

本病因泥鳅捕捉后长期蓄养所致。病鳅体表及各鳍条呈灰白色，体表出现红色环纹，严重时患处溃疡。本病系因捕捉后长时间流水蓄养所致。

全国各地均有本病发生，3～7月份是流行高峰期。

本病主要危害成鳅，严重时可引起泥鳅死亡。

## 436. 如何预防和治疗泥鳅白身红环病？

**(1)预防措施** 泥鳅放养后用0.2毫克/升二氧化氯泼洒水体。用生石灰彻底清塘。

**(2)治疗方法** 一旦发现本病，立即将病鳅移入静水池中暂养一段时间，能起到较好效果。放养前用5毫升/升二氧化氯溶液浸泡15分钟。

将1千克干乌桕叶(合4千克鲜品)加入20倍重量2%生石灰水中浸泡24小时，再煮10分钟后带渣全池泼洒，使池水浓度为

4 毫克/升。

## 437. 泥鳅气泡病有哪些症状和危害?

本病由水中氧气或其他气体含量过多而引起。患病后泥鳅因肠中充气而浮于水面,腹部鼓起似气泡。

本病在夏季高温季节流行,主要危害鳅苗。

## 438. 如何预防和治疗泥鳅气泡病?

**(1)预防措施** 及时清除池中的腐败物,不施用未发酵的肥料。掌握好投喂量和施肥量,防止水质恶化。加水前进行曝气,充分降解水中的有机物。加强日常管理,合理投喂,防止水质恶化。

**(2)治疗方法** 每 667 米$^2$ 用食盐 4～6 千克全池泼洒。发生气泡病时,立即冲入清水或黄泥浆水。用 0.7 毫克/升硫酸铜化水全池泼洒。发病后适当提高水体 pH 值和透明度,具有很好的缓解作用。

## 439. 泥鳅弯体病有哪些症状和危害?

本病常因孵化时水温异常,或水中重金属元素含量过高,或缺乏必要的维生素及环境不良而引起。

本病引起泥鳅骨骼变形,导致身体弯曲或尾柄弯曲。

全国各地均可发生,春、夏之间和夏、秋之间易发病。从幼鳅到成鳅均能感染。

## 440. 如何预防和治疗泥鳅弯体病?

**(1)预防措施** 保持良好的孵化水温。在饵料中添加多种维生素。投喂的饵料要注意动、植物性饵料的搭配和矿物质添加剂的用量。经常换水,改良底质。

**(2)治疗方法** 目前没有较好的治疗方法,主要以预防为主。

## 441. 泥鳅车轮虫病有哪些症状和危害?

本病由车轮虫侵袭泥鳅皮肤而导致。

病鳅离群独游,浮于水面缓慢游动,食欲减退,轻则影响生长,重则导致泥鳅死亡。

本病在春、秋季节较为流行,可引起泥鳅大批死亡。

## 442. 如何预防和治疗泥鳅车轮虫病?

**(1)预防措施** 放养前用生石灰彻底清塘。

**(2)治疗方法** 发病水体用药物泼洒,每立方米用硫酸铜0.5克和硫酸亚铁0.2克全池泼洒;病鳅用1%～2%食盐水浸浴5分钟。

## 443. 泥鳅小瓜虫病有哪些症状和危害?

小瓜虫病又名白点病,为多子小瓜虫侵入鳅体所致。

患病初期,病鳅的鳃和体表皮肤均有大量小瓜虫寄生,密集寄生时形成白点状囊泡。病鳅身体瘦弱,鳃组织被破坏,食欲减退,常呈呆滞状漂浮在水面不动或缓慢游动,终因呼吸困难而死亡。

泥鳅在一年四季均可感染,但有明显的季节性,以3～5月份和11～12月份为流行盛期。

水温在15℃～20℃时最适宜小瓜虫繁殖,水温上升至28℃或下降至10℃以下时,可促使寄生在鳅体表面的孢子快速成熟,加速其生长速度,从鳅体表面脱落,不再流行。

本病是泥鳅的常见病、多发病之一,传播速度很快,从鳅苗到成鳅都会患病而大量死亡。

## 444. 如何预防和治疗泥鳅小瓜虫病？

**(1)预防措施** 在鳅苗放养前用生石灰彻底清塘。提高水温至28℃以上，并及时更换新水，保持水温。加强饲养管理，增强鳅体免疫力。对已发过病的水泥池先要洗刷干净，再用5%食盐水浸泡1～2天，以杀灭小瓜虫及其孢囊，并用清水冲洗后再养鳅。

**(2)治疗方法** 用2毫克/升甲醛溶液浸洗鱼体，水温在15℃以下时浸洗2小时；水温在15℃以上时，浸洗1.5～2小时，浸洗后在清水中饲养1～2小时，使死掉的虫体和黏液脱落。用167毫克/升冰醋酸溶液浸洗鳅体，水温在17℃～22℃时浸洗15分钟。3天后再浸洗1次，3次为1个疗程。用0.01毫克/升甲苯咪唑溶液浸洗2小时，6天后重复使用1次，浸洗后在清水中饲养1小时。用2毫克/升美蓝溶液浸泡病鳅，每天浸泡6小时。按每667米$^2$水面、每米水深用辣椒粉250克、干姜片100克的量，混合加水煮沸，全池泼洒。用土荆芥30%、苦楝叶40%、野芋叶20%、紫花曼陀罗10%，混合煎汁至原药量的2倍，浸洗病鳅。每667米$^2$水面、每米水深用青木香1千克、海金沙1千克、芒硝1千克、白芍0.25千克、当归尾0.25千克，煎水加大粪7.5千克全池泼洒。

## 445. 泥鳅三代虫病有哪些症状和危害？

本病由秀丽三代虫、鲢三代虫寄生于鳅体表和鳃造成。

少量寄生时，鳅体没有明显症状，只是在水中不安地游泳，鳅体局部黏液增多，呼吸困难，体表无光。随着寄生数量的增加，病鳅体表有一层灰白色的黏液膜，病鳅瘦弱，初期呈极度不安，时而狂游于水中，继而食欲减退，游动缓慢，终至死亡。

本病全国各地都有流行，终年均可发生，但以5～6月份更为多见。本病对鳅苗、鳅种危害较大，严重时能引起死亡。

## 446. 如何预防和治疗泥鳅三代虫病?

**(1)预防措施**　鳅池每 667 米$^2$ 水面、每米水深用生石灰 60 千克,带水清塘。鳅种放养时,用 1 毫克/升晶体敌百虫浸洗 20～30 分钟。

**(2)治疗方法**　在水温为 10℃～20℃条件下,用 20 毫克/升高锰酸钾溶液浸洗病鳅 10～20 分钟。用 0.7 毫克/升晶体敌百虫水溶液浸洗病鳅 15～20 分钟后,再用清水洗去鳅体上的药液,放回缸中精心饲养。用 0.2～0.4 毫克/升晶体敌百虫溶液全池遍洒。

## 447. 泥鳅舌杯虫病有哪些症状和危害?

本病由舌杯虫寄生导致。

虫体寄生于泥鳅的鳃内和皮肤上,平时摄取周围水体中的营养,对泥鳅的组织没有破坏作用,因此感染程度不高,也没有形成太大的危害;当寄生的舌杯虫数量较多或并发车轮虫病时,就会影响泥鳅的呼吸功能,导致泥鳅呼吸困难,更严重时会导致泥鳅死亡。

本病一年四季都会发病,以 5～8 月份较为普遍。少量寄生时,对泥鳅没有太大影响,寄生数量较多时,会导致泥鳅死亡。对幼鳅,特别是 1.5～2 厘米长的鳅苗伤害较重,发病时往往幼小的泥鳅先死亡。

## 448. 如何预防和治疗泥鳅舌杯虫病?

**(1)预防措施**　按常规方法用生石灰对池塘彻底消毒清塘。在鳅种放养前用 8 克/米$^3$ 硫酸铜溶液浸洗 15～20 分钟。

**(2)治疗方法**　可用 0.7 克/米$^3$ 硫酸铜和硫酸亚铁合剂(5∶2)化水全池泼洒。

## 449. 泥鳅机械损伤有哪些症状和危害？

使用的养殖工具不合适，或换注水时操作不慎，或鳅体受到挤压，或运输时受到强烈而长期的震动，都会使鳅体受到机械性损伤。

泥鳅受到机械损伤后，可引起泥鳅不适甚至受伤死亡，有时虽然伤得并不严重，但损伤后往往会继发微生物或寄生虫感染，引起后续性死亡，严重时还可引起肌肉深处的创伤，使患病泥鳅失去正常的活动能力，仰卧或侧游于水面。

本病一年四季均可发生，鳅体受到损伤后，严重的可立即引起死亡。鳅体受到压伤后，可能会导致该部分皮肤坏死。另外，受到机械损伤后的泥鳅容易受微生物感染，发生继发性疾病而加速其死亡。

## 450. 如何预防和治疗泥鳅机械损伤？

**(1)预防措施**　改进饲养条件，改进渔具和容器，尽量减少捕捞和搬运，而且在捕捞和搬运时要小心谨慎操作，并选择适当的时间。室外越冬池的底质不宜过硬，在越冬前应加强肥育。

**(2)治疗方法**　在人工繁殖过程中，因注射或操作不慎而引起的损伤，对受伤部位可涂抹金霉素或稳定性粉状二氧化氯软膏，然后浸泡在2毫克/升四环素药液中，对受伤较严重的可肌内注射链霉素等抗生素。将病鳅泡在四环素、土霉素、青霉素等稀溶液里进行药浴，浓度为1～2毫克/升。直接在外伤处涂抹红药水(应避免涂在眼部)，每天1～2次。

## 451. 如何防治凶猛鱼类和其他敌害？

根据笔者的调查及查询资料了解，认为养殖时对泥鳅造成危害的凶猛鱼类主要有鳜鱼、鲶鱼、乌鳢等。对它们的处理方法就是加强池塘的清塘，在放养鳅种前要彻底清塘，发现一尾坚决杀灭。

对养殖鱼类造成极大危害的敌害主要有蛇、蟾蜍、青蛙、田鼠、鸭及水鸟、水蜈蚣、红娘华等，根据不同的敌害应采取不同的处理方法。见到青蛙的受精卵和蝌蚪就要立即捞走；对于水鸟可用鞭炮、扎稻草人或死水鸟来驱赶；对于鸭子则要加强监管工作，不能放任下塘；对于鼠类可用地笼、鼠夹等诱杀，见到鼠洞立即灌入毒鼠药杀灭；发现水蜈蚣、红娘华时，可用含量为95%的晶体敌百虫化水全池泼洒，用量为0.5～1克/米$^3$水体，也可在水蜈蚣聚集的水草、粪渣堆处，用含量为95%的晶体敌百虫化水泼洒杀灭，用量为2～3克/米$^3$水体，效果很好；对于水蛇，可用硫黄粉驱赶，效果十分显著，每667米$^2$用量为1.5千克，将其撒在池埂四周。

# 参考文献

[1] 印杰．泥鳅健康养殖技术[M]．北京:化学工业出版社,2008.

[2] 潘建林．黄鳝与泥鳅养殖新技术[M]．上海:上海科学出版社,2002.

[3] 秦莉．泥鳅养殖六要素[J]．农业致富,2007(18):40.

[4] 印杰,张从义．泥鳅池塘养殖的日常管理[J]．重庆水产,2008(4):28.

[5] 占家智,羊茜．水产活饵料培育新技术[M]．北京:金盾出版社,2002.

[6] 徐在宽,徐明．怎样办好家庭泥鳅黄鳝养殖场[M]．北京:科学技术文献出版社,2010.

[7] 北京市农林办公室．北京地区淡水养殖实用技术[M]．北京:北京科学技术出版社,1992.

[8] 凌熙和．淡水健康养殖技术手册[M]．北京:中国农业出版社,2001.

[9] 戈贤平．淡水优质鱼类养殖大全[M]．北京:中国农业出版社,2004.

[10] 江苏省水产局．新编淡水养殖实用技术问答[M]．北京:中国农业出版社,1992.